일러두기

• 이 책에 실린 이야기는 2017년 10월부터 2018년 9월까지 월간 〈행복이가득한집〉에 실린 칼럼을 바탕으로 만들었습니다.

• 이 책은 다음의 전문 기관과 전문가의 감수를 받아 만들었습니다.
- 국립산림과학원 특용자원연구과 박영기 박사
- 경북농업기술원 영양고추연구소
- 전국씨앗도서관협의회 박영재 대표
- 충북 농업기술원 마늘연구소 박영욱 연구사

• 이 책은 다음의 도서를 참고해 만들었습니다.
- 안완식 저, 《한국토종작물자원도감》, 이유, 2009
- 변현단 저, 《토종 농사는 이렇게》, 그물코, 2017
- 정혜경 저, 《채소의 인문학》, 따비, 2017

• 이 책의 요리 사진은 도예 작가 권재우, 김덕호, 김익영, 이인화, 정지원의 그릇과
공예사랑(055-261-5208), 이딸라(02-749-2002)에서 그릇 협찬을 받아 촬영했습니다.

• 재료 분량에서 큰술은 15ml 계량스푼, 작은술은 5ml 계량스푼, 컵은 200ml 계량컵을 기준으로 했습니다.

이 도서의 국립중앙도서관 출판예정도서목록(CIP)은 서지정보유통지원시스템 홈페이지(http://seoji.nl.go.kr)와
국가자료공동목록시스템(http://www.nl.go.kr/kolisnet)에서 이용하실 수 있습니다.(CIP제어번호: CIP2018038283)

토박이와 농부의 입으로
전해지는 투박한 우리 음식

입말한식

하미현 지음

*design*house

목차

006 **여는 글** 오래된 미래의 맛을 찾아

010 **알싸한 인생의 맛** 마늘
- 다양한 재래종 마늘
- 아버지의 마늘밭을 지키는 서산 이은자·박용웅 농부
- **입말한식** 마농지, 마늘삼계밥, 마늘식초, 마늘고추장, 마늘조청, 마늘김치
- **우리 마늘로 차린 오늘의 식탁** 마늘 크런치, 마늘 오일, 마늘 피클

034 **고추 먹고 맴맴!** 고추
- 다양한 재래종 고추
- 시원하게 매운맛! 영양 수비초를 키우는 고추 삼총사
- **입말한식** 고춧물배추김치, 고추국수, 고추된장박이, 고추식혜, 고추부각
- **우리 고추로 차린 오늘의 식탁** 수비초 핫 소스, 살사 소스, 훈제 고춧가루

056 **옥구슬처럼 곱고 달착지근한** 옥수수
- 다양한 재래종 옥수수
- 4대째 주먹찰옥수수를 키우는 정선 이용복 농부 부부
- **입말한식** 옥수수수수제비, 옥수수묵, 옥수수엿청주, 옥수수약과
- **우리 옥수수로 차린 오늘의 식탁** 강원도식 타코, 통옥수수 수프

076 **축제의 곡식** 수수
- 다양한 재래종 수수
- 누런 땅에서 붉은 수수를 키우는 논산 권태옥·신두철 농부
- **입말한식** 수수풀떼기, 수수부꾸미, 수수조청, 수숫대보리밥
- **우리 수수로 차린 오늘의 식탁** 수수 아란치니, 계명주(수수술)

098 **넝쿨째 들어와 밥상을 채운** 호박
- 다양한 재래종 호박
- 맛이 꽉 찬 호박처럼 살아온 화성 장순희 농부 부부
- **입말한식** 호박오가리탕, 늙은호박된장국, 호박매집, 호박국, 호박꽃부각, 약호박중탕
- **우리 호박으로 차린 오늘의 식탁** 떡호박범벅 샐러드, 호박 파스타

120 밥이자 약이다 호두
• 다양한 재래종 호두
• 100년 된 호두나무 씨앗을 거머쥔 김천 김현인 농부 가족
• **입말한식** 호두장아찌, 호두곶감약밥, 호두국수, 호두기름
• **우리 호두로 차린 오늘의 식탁** 봉수탕 라떼, 통호두빵

142 밥심의 뿌리 쌀
• 다양한 재래종 쌀
• 자연의 순리 대로 아버지의 볍씨를 지키는 완주 최운성 농부 가족
• **입말한식** 모내기밥, 나물밥, 헛제삿밥, 스슥밥, 국밥, 겡이죽, 누룽지, 오곡밥, 술지게미보쌈, 술지게미장아찌, 생떡국떡
• **우리 쌀로 차린 오늘의 식탁** 흑도 식혜 셰이크, 기정떡 티라미수

168 살고 죽는 일에 늘 함께한 팥
• 다양한 재래종 팥
• 집안의 보물, 달콤한 팥 맛을 지키는 예천 이병달 농부 가족
• **입말한식** 감자팥죽, 옥수수팥죽, 새알심팥죽, 팥죽, 팥칼국수, 팥잎나물, 팥장
• **우리 팥으로 차린 오늘의 식탁** 팥푸치노, 통팥양갱

192 겨울을 이겨야 달고 뜨겁다 파
• 다양한 재래종 파
• 소문난 명지대파 농사꾼, 부산 김영모 농부 부부
• **입말한식** 오신반, 파떡국, 파뿌리죽, 파김치
• **우리 파로 차린 오늘의 식탁** 통파 오믈렛, 쪽파 페스토

214 닫는 글 모두의 품앗이로

입말

글에서만 쓰는 특별한 말이 아닌,
일상적인 대화에서 쓰는 말. = 구어·구두어

입말한식

입에서 입으로 이어지는 토박이와 농부의 음식.
우리 고유한 식재료와 농부의 음식을
연구하는 하미현이 만든 새말.

"저는 요리 전공자도 아니고 인류학자도 아니에요. 다만 2014년부터 지금까지 농부들과 토박이의 입말로 이어지는 맛과 식재료를 만나며 한국을 여행하고 있습니다.

저는 20대부터 다른 나라에서 공부하며 다민족 문화에 익숙한 삶을 살았습니다. 그러다가 한국에 돌아와보니, 우리는 비슷한 생김새와 하나의 언어만을 쓰며 획일화된 삶을 살아가는 듯 보였습니다. 이후 해외를 오가다 어느날 문득, 우리가 어릴 적부터 밥과 햄버거를 함께 먹고, 영어를 모국어만큼이나 자주 말하며 살아간다는 사실을 깨달았습니다. 어쩌면 우리 세대는 한국이란 땅에서 국외자의 삶을 살아온 게 아닐까 싶습니다. 저는 한국이 낯익기도 하면서 한편으로 낯섭니다(이건 우리 세대 모두 비슷하겠지요). 낯선 시선으로 보자, 보이지 않던 것이 보이고 별맛 아닌 것이 별맛으로 느껴졌습니다.

예전에 해 먹던 음식에 대해 물어보면 농부들은 하나같이 "별것 아닌 걸 뭐하러 물어봐요? 우리 못살 때 먹던 음식만 말하려니 초라하지" 하시더군요. 하지만 제가 맛본 그 음식들의 맛은 결코 초라하지도 가난하지도 않았습니다. 오히려 식재료 맛이 생생히 살아 있고, 제철에만 먹을 수 있는 귀하고 순한 음식들이었지요. 먹을거리가 부족했기에 불려 먹고 말려 먹고 삭혀 먹은 것이 대부분인 가난한 밥상이지만, 뭐 하나 부족할 게 없는 지금, 이 음식들이 더 맛있고 더 아름답게 느껴지는 건 왜일까요.

강원도 화전민 음식은 고기와 생선을 쓰지 않고도 기름과 잡곡, 식물 뿌리부터 잎·꽃·열매로 만든 조화로운 맛과 영양이 있어요. 그 안에는 결핍이 만들어낸 깊은 맛, 생존이 만들어낸 요리의 지혜가 들어 있지요. 이것이 바로 제가 '오래된 맛'을 찾아다니는 이유입니다.

제가 직접 만난 농부와 그들이 만들어낸 다양한 식재료, 그들이 여전히 즐겨 해 먹는 입말한식을 기록하고, 널리 알리고 싶습니다. 마트에서 사

먹는 청양고추와 아삭이고추 말고도 향과 단맛이 강한 수비초, 입안이 얼얼한 토종, 식감이 아삭한 칠성초까지 얼마나 다양한 고추가 우리 땅에 자라는지, 또 그 입말한식이 식재료 종류만큼이나 얼마나 다양하게 이어져왔는지를 말이지요. 무엇보다 이토록 다양한 우리 식재료와 입말한식이 이 땅에서 살아가는 하루하루를 살 만하고 즐길 만한 것으로 채워주는 이유가 될 거라 믿어요. 지금 봐도 충분히 멋있고 맛있는 오래된 맛, 그것에서 시작한 오늘의 맛을 입말한식을 통해 소개하고 싶습니다.
입말한식을 찾아다닐 때 우선 제 입에 맛있고 보암 직한 음식들을 골랐어요. 그래서 이 책은 어찌 보면 아부레이수나('서두르지도 게으르지도 않게'라는 뜻이 담긴 경북 예천의 모내기 민요로, 하미현의 입말음식팀 이름이다)의 맛 컬렉션 같기도 합니다. 이탈리아 사람 스테파노가 '한국의 파스타'라 일컬은 경기도 이순자 님의 호박들깨수제비, 멕시코의 안나가 '옥수수 젤리'처럼 느낀 강원도 안화숙 님의 옥수수묵 등 한국의 맛을 넘어 지구인의 시선으로 하나하나 모아 담으려고 했습니다.
저는 지금도 요리할 때 이정순 할머니가 주신 오렌지색 저고리와 입생로랑의 분홍빛 니트를 같이 입는 걸 좋아합니다. 올리브와 동치미를 곁들인 안주를 좋아하고. 크루아상과 백설기를 커피와 함께 먹는 걸 즐기지요. "손으로 만든 것은 다 통한다"라는 일본 도자기 명인의 말처럼 한국에서 손으로 지은 맛과 멋은 세상의 멋진 것들 곁에 두고, 먹고, 즐기기에 조금도 부족함이 없더군요. 그렇게 음식은 제가 조금씩 더 깊이 한국을 알아가도록 인도하고 있습니다.
저는 늘 한국을 낯선 시각으로 바라보고 싶어요. 그래야 더 궁금해하고, 귀하고, 소중한 시간이 될 수 있을 거라 생각합니다."

아부레이수나 하미현의 입말

입말한식을 정하는 아부레이수나의 기준

농부와 토박이의 음식이어야 한다

판매를 목적으로 하든, 자급자족의 텃밭이든 그 식재료의 삶을 아는 농부가 해 먹는 음식이어야 한다. 자신이 키우는 작물의 맛을 그 농부만큼 잘 아는 이가 있을까. 흙과 물과 바람을 읽어 그 환경에 맞는 작물을 키운 후, 가장 맛있는 때와 가장 잘 어울리는 요리법을 찾아낸 농부의 음식, 이것을 기록한다.

오랫동안 이어져온 작물이어야 한다

식재료가 사라지지 않으면 식문화는 사라지지 않는다. 짧게는 50년, 길게는 100년이 넘게 이어져온 식재료 속엔 반드시 다양한 식문화가 녹아 있다. 경북 예천의 농부 4대가 이어온 팥씨 한 알 속엔 4대의 입말한식이 담겨 있는 것이다.

하나의 식재료에 다양한 품종이 있어야 한다

고추 품종 1500가지, 팥 종류만 50가지가 넘는 이 땅의 다양한 식재료 속엔 그 특징에 맞는 입말한식이 존재한다. 오십일팥으로 만들어 먹는 팥죽, 가래팥으로 해 먹는 팥전, 되호박으로 만드는 호박국수, 떡호박으로 해 먹는 호박떡 등 결국 다양한 식재료가 다양한 음식 문화를 만들어낸다.

지금도 해 먹는 음식이어야 한다

전통은 지금 이 순간에도 변하고, 계속 이어지고 있다. 어느 마늘 농부의 시어머니는 쌀만 넣은 마늘밥을 지었는데, 그 마늘 농부는 닭 육수를 내리고 녹두·통마늘·찢은 닭고기 등을 넣어 삼계마늘밥을 짓는다. 시어머니에게 배운 입말한식이 오늘에 맞게 변형되어 며느리에게 이어지고, 그 음식이 다시 담을 넘어 옆집으로, 밭과 산을 넘어 다른 마을로 이어진다. 결국 입말한식을 통해 전통이란 것이 사실은 우리 삶 속에서 계속 이어지고 있음을 전하고 싶다.

알싸한 인생의 맛
마늘

“

우리나라 작물 중 풍토(기후와 토양, 지형 등)에 가장 영향을 많이 받는 것을 꼽으라면 마늘을 들 수 있겠다. 마늘은 땅과 물, 바람에 영향을 많이 받는 작물로 지역마다 매운맛과 향미, 산미 등이 다르다. 다양한 지역의 마늘과 입말한식을 찾는 여정에서 수확량이 많고 저장성이 좋은 외래종 마늘을 키우는 농가를 많이 만났다. 하지만 그들도 텃밭 한쪽에 재래종 마늘을 키우고 있었다. 이유를 묻자 “이 마늘을 넣어야 김치 맛이 제대로 난다”, “이 마늘로 장아찌를 담가야지, 외래종을 쓰면 그 맛이 나지 않는다”라고 답했다. 농부들은 풍토에 가장 최적화된 마늘의 맛과 음식을 기억하고 있었다.

”

“

칼바람을 맞고 자란 추운 지방의 마늘은 대체로 매운맛과 단맛이 강하다. 따라서 추운 지방에서는 마늘김치, 마늘육개장, 해독제 역할을 하는 마늘술처럼 칼칼하고 강한 맛이 나는 음식이 발달했다. 반면 따뜻한 지역에서 자란 난지형 마늘은 한지형에 비해 덜 맵고 맛이 순하다. 남해의 죽방 멸치를 넣어 볶은 마늘멸치볶음과 흑마늘구이, 고흥의 통마늘장아찌, 제주도의 마늘엿과 마늘대절임 등이 대표적이다. 이 외에도 마늘은 시기별·부위별로 다양하게 조리한다. 4월에는 풋마늘잎과 대를 수확해 생선회무침이나 나물로 먹고, 5월이 되면 마늘종을 볶거나 장아찌로 만든다. 7세기부터 오늘날에 이르기까지 한국인의 입에서 입으로 이어져온 마늘 입말 음식은 우리 식탁의 부재료이자 주재료로 식탁을 별맛 아닌 별맛으로 채워주고 있다.

다양한 재래종 마늘

의성 마늘

전국 생산량의 5%에 불과한 의성 마늘은 인편(鱗片, 마늘의 쪽)에 세로로 골이 져 끝이 뾰족하다. 매운맛과 단맛, 향 등이 모두 조화롭다. 뒷맛이 칼칼해 마늘 향이 중요한 알리오에 올리오를 요리할 때 제격이다. 또 수분이 많아 김치를 담그면 신맛을 완화하는 효과가 뛰어나다.

서산 마늘

서산의 온화한 해양성 기후와 기름지고 부드러운 황토에서 자라 알이 굵고 크기가 일정하다. 대개 수염뿌리가 길며 속껍질은 자주색을 띠고 흰색 무늬가 많다. 식감이 아삭하고 단맛과 매운맛이 조화를 이룬다. 해산물을 요리할 때 넣거나 찌개, 고추장 등의 양념류에 활용한다.

진천 마늘

충북 진천군 초평면은 토질이 좋아 마늘 농사가 잘되는 지역으로 손꼽혔다. 진천 마늘은 다른 마늘보다 크기가 월등히 작고 향긋한 향이 뛰어난데, 알이 작은 탓에 요즘은 재배하는 농가를 찾아보기 힘들다. 매운맛이 약해 생으로 먹어도 부담이 없고 단맛도 살짝 난다. 생마늘이 듬뿍 들어가는 양념장과 장아찌용으로 적합하다.

남해 마늘

남해 마늘은 해풍의 영향을 받아 모양이 고르지는 않지만 조직이 치밀해 알이 굵고 단단하다. 해풍이 천연 소독제 역할을 해 병충해에 강한 편. 톡 쏘는 매운맛이 강하고 익혀도 조직이 잘 무르지 않는다. 마늘통구이나 찜 요리, 오래 끓여 만든 소스 등에 제격이다.

제주 마늘

쪽이 많으며 동글동글하게 생겼고, 저장성이 뛰어나다. 매운맛이 강한 편. 식감이 아삭한 마늘 한쪽을 베어 물면 과일 못지않게 산뜻한 풍미가 난다. 잎은 나물로 이용하고, 줄기는 장아찌를 담가 밑반찬으로 활용한다. 얇게 저며 식초에 살짝 절이는 마늘초절임, 생채소무침용으로 추천한다.

고흥 마늘

전형적 난지형 마늘로 12~15쪽이 맺힌다. 속껍질이 매우 선명한 적색이며, 인편 조직이 억센 편이다. 알이 굵은 반면 조직은 성글어 식감이 부드럽다. 매운맛 또한 강하지 않고 단맛과 산미의 균형감이 좋다. 단단하고 아삭하게 씹히는 마늘장아찌와 마늘식초, 마늘술을 만들기 적당하다.

아버지의 마늘밭을 지키는
서산 이은자·박용웅 농부

서산은 땅과 바다가 두루 넓은, 충남에서 가장 덩치가 큰 지역이다. 땅이 어찌나 비옥한지 "한 해 농사지어 세 해 먹고살 수 있는 곳"이라 불리기도 했다. 이곳에서는 삼국시대부터 마늘 농사를 지어왔는데, 흙이 깊고 물을 잘 빨아들이는 덕에 마늘 농사가 아주 잘됐다. 지금도 전국에서 마늘 생산량이 가장 많은 지역이다. 서산 육쪽마늘은 다른 지역 마늘에 비해 향이 좋고, 매운맛과 달콤한 맛의 조화가 뛰어나 인기가 높다. 하지만 지금은 외래종에 밀려 서산 재래종 마늘을 재배하는 농가가 크게 줄었다.

이러한 상황에서 꿋꿋하게 토종 마늘 농사를 짓는 농부가 있으니 서산 예천동에 사는 이은자·박용웅 농부다. 이래저래 복잡한 생에 치여 살다, 이은자 농부의 탯자리이자 아버지가 남긴 마늘밭으로 45년 전 돌아왔다. 할아버지 때부터 마늘 농사가 끊긴 적 없으니, 이 집 마늘밭의 나이는 얼추 100년이 넘었다. 아버지가 물려주신 위대한 유산이나 다름없다.

"아버지는 마늘밭을 함부로 밟지도 못하게 하셨어요. 마늘 심을 때 빼고는 들어가지도 못하게 하셨지요. 흙 버리면 농사도 망친다고 하시면서요. 늘 마늘 씨앗을 반듯하게 한 줄로 심었어요. 예쁜 놈 심어야 예쁜 놈이 나온다고 강조하셨죠."

이은자 농부는 열서너 살 때부터 아버지에게 마늘 심는 법을 배웠고, 이 집으로 장가온 박용웅 농부 역시 장인어른에게 제대로 농사를 배웠다.

"장인어른은 이 지역에서 마늘 농사로 아주 유명했습니다. 이 동네에서 어느 마늘밭이 제일 좋으냐고 물으면 우리 집을 알려줄 정도로 소문이 났지요. 비법은 딱히 없습니다. 마늘은 땅의 영향을 굉장히 많이 받아요. 토질이 좋아야 알이 크고 단단해지지요. 그래서 함부로 땅을 바꿔도 비료를 줘도 안 됩니다. 그 시절에는 비료라고 할 게 없었어요. 소나 돼지를 키웠으니 그 분뇨를 받아 발효시켜 마늘밭에 뿌렸지요. 그런데 소거름만큼 좋은 것도 없었어요. 우리는 지금까지 장인어른이 알려주신 옛 방식대로 친환경 농법으로 농사를 짓습니다."

마늘은 크게 추운 지역에서 자라는 한지형과 따뜻한 지역에서 자라는 난지형으로 구분한다. 한지형은 한반도 내륙과 고위도 지방에서 재배하는 품종으로 서산과 의성, 진천이 여기에 속한다. 대개 6쪽이다. 난지

형은 고흥과 제주, 남해 등에서 재배하며 대개 8~10쪽 혹은 그 이상이다. 일반적으로 남쪽은 8월부터, 내륙은 9~10월에 마늘을 심는데, 이은자·박용웅 농부는 작년에 보관해둔 주아(主芽, 자라서 꽃을 피우거나 열매를 맺을 싹)를 9월 말쯤 일정한 간격으로 촘촘하게 심는다. 이때 마늘의 뾰족한 끝이 하늘로 향하도록 심는 것이 중요하다. 그래야 마늘통이 예쁘게 자라며 줄기도 곧게 올라온다. 날씨가 본격적으로 추워지는 12월이 되면 짚으로 마늘밭을 덮어준다.

이듬해 5월 말부터 수확한 마늘은 밭에 그대로 놔둔 채 일주일 정도 말려 150개씩 짚으로 묶어 바람이 잘 통하는 곳에 매달아둔다. 덜 마른 마늘은 주로 장아찌를 담그고, 바짝 마른 마늘은 오래 보관해두고 먹는다. 마른 마늘을 실온 보관할 경우 망에 넣어 서늘한 곳에 걸어둔다.

막내딸이 인터넷을 통해 직거래를 하고부터 수매할 때보다 2배 정도 가격을 더 받으니 농사짓는 보람을 느낀다고 한다. 마늘 농사꾼의 딸로 태어났으니 이은자 농부의 밥상에는 언제나 마늘이 가득하다.

"가을에 마늘을 심고 겨울을 나면 초봄에 대가 올라오기 시작해요. 마늘종을 먹고 나면 초여름부터는 햇마늘이 나죠. 햇마늘을 실컷 먹고 나머지는 잘 말려 겨울까지 국을 끓이거나, 밥 지을 때 넣고, 장아찌와 장을 담그고…. 아궁이에 불을 땔 때 마늘을 통째 넣어두면 겉이 살짝 타면서 단맛이 올라와 참 맛있어요. 사람들은 마늘이 맵다고 하는데 나는 우리 마늘이 달다고 생각하면서 먹어요. 추울 때는 푹 삶아 찢은 양지머리와 고사리, 숙주, 다진 마늘을 넣어 마늘육개장을 끓였어요. 시어머니가 좋아하시던 마늘고추장도 매년 담갔고요. 마늘을 푹 쪄서 죽처럼 으깨서 고추장에 섞어요. 고추장 맛이 달고 구수해서 볶음이나 무침에 잘 어울리지요. 정말 손에서 마늘 냄새가 빠질 새가 없었네요."

이은자 농부는 친정어머니에게 음식을 배웠다. 마늘을 껍질째 구워 부드럽게 으깬 후 고추장에 섞어
마늘 향과 맛이 진하게 느껴지는 양념장을 만들어 두었다가 볶음 요리나 비빔 요리에 두루 활용했다.
마늘술은 음식의 잡내를 잡아주고, 육류나 생선을 부드럽게 만드는 데 탁월한 효과를 발휘했다.

제주도 김을숙 님의 마농지

제주도에서는 마늘대장아찌를 마농지라 부른다. 바다에서 일하는 해녀는 바닷물 때문에 늘 입안이 헐거나 짠기가 가득했다고 한다. 그런 이유로 되도록 밑반찬을 싱겁게 먹었다. 마농지는 간이 약간 싱거운 듯 삼삼하게 담는 것이 중요하다.

재료(3L 분량)

풋마늘대 3단, 불린 무말랭이 1컵, 간장 5컵, 매실액 2컵, 식초 2컵, 물 2컵

만들기

1 풋마늘대는 깨끗이 씻은 뒤 물기를 완전히 제거한다.

2 ①의 풋마늘대는 뿌리와 잎을 잘라내고 2.5cm 길이로 자른다.

3 냄비에 분량의 물과 간장을 담고 팔팔 끓이다가 매실액과 식초를 넣어 한 김 식힌다.

4 밀폐 용기에 ②의 풋마늘대, 불린 무말랭이를 담고 ③을 붓는다.

5 서늘한 곳에서 3일 동안 숙성시킨다.

6 ⑤에서 간장물만 따라내어 한 번 더 끓여 식힌 후 다시 밀폐 용기에 부어 일주일 동안 숙성시킨다.

충남 서산 이은자 님의 마늘삼계밥

닭 육수와 녹두, 서산 마늘, 닭고기를 듬뿍 넣고 찐 충청도의 마늘밥을 재해석한 여름 보양 솥밥이다. 고슬고슬 잘 지은 밥에 푹 찐 마늘을 으깨 비벼 먹으면 알싸하게 퍼지는 마늘 향이 입맛을 돋운다.

재료(4~5인분)

찹쌀 1 ½컵, 멥쌀 2컵,
녹두 1 ½컵, 마늘 50쪽,
마늘종 100g, 닭 육수 5컵,
소금 1큰술, 청주 4큰술

만들기

1 찹쌀과 멥쌀은 물에 불린다.

2 녹두는 8시간 정도 물에 불려 끓는 물에 살짝 익혀 물기를 뺀다.

3 마늘은 껍질을 벗겨 깨끗이 씻고, 마늘종은 적당한 크기로 잘라 깨끗이 씻는다.

4 솥에 불린 찹쌀, 멥쌀, 녹두를 담고 마늘과 마늘종을 넣은 뒤 소금으로 간한 닭 육수를 붓는다.

5 청주를 붓고 센 불에 올려 끓기 시작하면 약한 불로 줄여 10분 정도 뜸 들인다.

충남 태안 허숙경 님의 마늘식초

마늘식초는 생선이나 고기의 잡내를 잡는 데 탁월한 효과를 발휘한다. 식초로 발효되면서 다양한 유기 성분이 생기는데, 이는 면역력 증진과 피로 해소에 좋다. 따뜻한 물에 마늘식초만 넣으면 신맛이 너무 강하니 꿀을 살짝 넣어 마실 것.

재료(2L 분량)

마늘 50쪽, 발효 식초 1.5L, 꿀 1컵

만들기

1 마늘은 껍질을 벗겨 깨끗이 씻는다.

2 물기를 뺀 후 편으로 썬다.

3 열탕 소독한 유리병에 마늘을 담고 식초를 부어 상온에서 3~4일 동안 숙성시킨다.

4 마늘의 매운맛이 사라지면 꿀을 넣어 섞은 뒤 냉장 보관한다.

TIP 마늘이 초록으로 변색될 수 있으나 이는 황 함유 아미노산(풍미에 영향을 주는 물질) 때문으로 건강에 아무런 문제가 되지 않는다. 색이 변하는 것이 싫다면 마늘을 끓는 물에 살짝 데쳐 저장하면 되지만 이 방법은 항바이러스 효능이 탁월한 알리신 성분이 파괴될 우려가 있다.

마늘고추장
마늘조청

충남 서산 이은자 님의 마늘고추장

즉석에서 만든 마늘고추장은 양념을 뛰어넘어 기력이 없을 때 챙겨 먹던 보양 음식이나 마찬가지였다. 만든 후 1~2일 안에 먹어야 맛있다.

재료(500ml 분량)
마늘 20쪽, 다진 쇠고기 200g, 생강즙 1큰술, 참기름 2큰술, 꿀 1큰술, 고추장 7큰술, 통깨 1큰술, 후춧가루·물 약간씩

만들기

1 마늘은 껍질을 벗겨 깨끗이 씻는다.

2 김이 오른 찜기에 올려 으깨질 정도로 찐다.

3 볼에 다진 쇠고기, 생강즙, 참기름, 꿀을 넣어 버무린 후 달군 팬에 볶는다.

4 냄비에 고추장과 물을 넣고 끓으면 ③을 넣어 약한 불에서 20분 정도 졸인 후 볼에 담는다.

5 ②의 마늘을 완전히 으깨어 ④에 올린 뒤 통깨와 후춧가루를 뿌려 비빈다.

전남 고흥 신화숙 님의 마늘조청

고흥 마늘은 익히면 단맛이 강해지고 식감이 부드러워진다. 고흥 마늘을 푹 익혀 만든 조청을 감기약 대신 먹으면 겨울을 건강하게 날 수 있었다고 한다.

재료(500ml 분량)
마늘 8통, 찰수수(혹은 현미찹쌀) 200g, 엿기름가루 125g, 물 8컵

만들기

1 냄비에 껍질을 벗겨 깨끗이 씻은 마늘과 물을 담고 완전히 으깨질 정도로 푹 삶는다.

2 찰수수는 깨끗이 씻어 압력밥솥에 넣고 물을 부어 고슬고슬하게 밥을 짓는다.

3 밥이 식으면 엿기름가루를 넣어 골고루 섞는다.

4 ③의 밥과 분량의 물을 압력밥솥에 넣어 8~10시간 동안 보온 상태로 두었다가 면포에 담아 맑은 물이 나오도록 치대면서 짠다.

5 ①의 냄비에 ④를 부어 걸쭉해질 때까지 끓인다.

충북 진천 조연호 님의 마늘김치

알이 작은 진천 재래종으로 담근 김치는 은근히 매운맛이 매력적이다. 통으로 김치를 담가 막걸리 안주나 밑반찬으로 먹으면 그야말로 '별맛'이다.

재료(500g 분량)

마늘 50쪽, 보리 1큰술, 건고추 15개, 배 ½개, 매실액 6큰술, 새우젓 1큰술, 황석어젓 10큰술, 고춧가루 4큰술, 설탕 3작은술, 굵은소금 2큰술, 물 2 ½컵

만들기

1 마늘은 껍질을 벗겨 깨끗이 씻은 후 체에 밭쳐 물기를 제거한다.

2 냄비에 보리와 분량의 물을 넣고 20분 정도 끓인 후 식힌다.

3 믹서에 깨끗이 씻은 건고추와 배, ②의 보리죽을 넣어 간다.

4 볼에 ③과 매실액, 새우젓, 황석어젓, 고춧가루, 설탕, 굵은소금(1큰술)을 넣고 고루 섞는다.

5 ④에 마늘을 넣어 버무린 후 굵은 소금(1큰술)을 뿌린다.

6 통에 ⑤의 마늘김치를 담고 일주일 이상 숙성시킨다.

TIP 마늘김치는 겨울에는 10~14일, 여름에는 7일 정도 숙성시키는 것이 좋다.

우리 마늘로 차린 오늘의 식탁

단맛과 매운맛이 조화로운 의성 마늘을 바삭한 크런치로 만들면 고소한 마늘향의 술안주가, 아삭한 진천 마늘을 피클로 담그면 어떤 음식에도 곁들이기 좋은 채소 절임이 된다. 톡 쏘는 매운맛의 남해 마늘은 오일에 절여 저장식으로 만들면 그 맛을 오래오래 즐길 수 있다.

마늘 크런치

재료(50g 분량)

마늘 10쪽, 카놀라유 2컵, 물 2컵

만들기

1 마늘은 껍질을 벗겨 깨끗이 씻은 후 잘게 썰어 물에 1시간 정도 담갔다 키친타월로 닦아 물기를 완전히 제거한다.

2 팬에 카놀라유를 붓고 달궈지면 마늘을 넣어 튀긴 후 기름기를 제거한다.

마늘 오일

재료(300ml 분량)

마늘 10쪽, 올리브유 1컵, 식초 1컵

만들기

1 마늘은 껍질을 벗겨 깨끗이 씻어 물기를 제거한 뒤 식초에 2~3시간 담갔다 열탕 소독한 유리병에 마늘만 넣는다.

2 ①에 마늘이 잠길 정도로 올리브유를 부어 밀봉한 뒤 냉장 보관한다.

TIP 마늘을 올리브유에 재울 때 로즈메리나 타임 같은 허브류를 넣어도 좋다. 다 만든 마늘 오일은 그때그때 꺼내 볶아 먹는다.

마늘 피클

재료(500g 분량)

마늘 2 ½컵, 식초 2컵, 설탕 1 ½컵, 피클링 스파이스 1큰술, 통후추 7알, 월계수잎 2장, 소금 2큰술, 물 1 ½컵

만들기

1 마늘은 껍질을 벗겨 꼭지를 잘라 깨끗이 씻은 뒤 물기를 제거한다.

2 냄비에 물, 설탕, 소금, 피클링 스파이스, 통후추, 월계수잎을 넣고 중간 불에 올린다. 팔팔 끓으면 약한 불로 줄여 10분간 더 끓인다.

3 ②에 식초를 부어 한소끔 끓으면 불을 끄고 완전히 식힌다.

4 열탕 소독한 유리병에 마늘을 담고 ③을 부어 밀봉한 다음 서늘한 곳에 일주일 동안 둔다.

5 ④의 식초물만 따라내어 냄비에 부은 뒤 팔팔 끓여 식힌다.

6 유리병에 ⑤를 다시 부어 한 달간 냉장고에서 숙성시킨다.

마늘 크런치
마늘 피클
마늘 오일

고추 먹고 맴맴!

고추

맵고 칼칼한 맛이 나는 고추는 오랫동안 한국인의 식탁에 오른 향신료로, 얼얼할 정도로 자극적이지만 뒤이어 쾌감이 느껴지면서 잠시나마 고단한 일상을 잊게 해주는 중독성 있는 식재료다.
고추는 남아메리카가 원산지로 한국에는 임진왜란 전후 일본을 통해 유입되었다는 설이 일반적이었다. 그러나 최근 한국식품연구원 권대영 박사 연구팀이 수백 편의 고문헌을 분석해 임진왜란 훨씬 이전부터 우리나라에 고추가 존재했다는 가능성을 제기했다. 천초(산초)에 배추를 버무려 허여멀겋던 김치는 고추 재배가 일반화되면서 붉어졌고, 한국에는 1500종이 넘는 고추가 생겼다. 그렇게 백의 민족 밥상은 고추와 함께 붉게 물들어갔다.

"

고추는 음식의 맛과 향을 더해주는 것은 물론, 방부제 역할도 했다. 그래서 소금이 귀하던 시절에는 고추를 넣어 음식을 오래 보관했다. 전라도나 경상도 음식이 강원도나 경기도 음식보다 맵고 붉은 것은 더운 날씨에 음식이 상하는 것을 막고자 한 삶의 지혜였다. 고추는 고추씨, 고추꽃과 고춧잎, 고운 고춧가루, 굵은 고춧가루, 고추장 등 음식에 맞게 형태를 달리하며 식생활에 유용하게 쓰였다. 전라도에서는 말린 쇠고기를 갈아 넣어 찐득한 육포고추장을 만들어 먹었고, 경상도에서는 소금물에 삭힌 고춧잎을 양념에 버무려 김치로 즐겼다. 충청도에는 멸치 젓국과 간장을 넣어 칼칼하게 숙성시킨 고추젓이, 서울에는 참기름에 곱게 갠 고춧가루를 더한 고추기름이 입말한식으로 남아 있다.

"

다양한 재래종 고추

수비초

몸체가 날씬하면서 아래로 내려갈수록 돼지 꼬리처럼 말려 올라간 모양새가 특징이다. 청양고추처럼 독특한 풍미가 있고, 과일 같은 상큼한 향이 난다. 풋고추일 때와 빨갛게 익었을 때의 향과 당도, 매운맛이 확연히 다르다. 풋고추는 생으로 먹고, 붉은 고추는 각종 김치와 무침, 겉절이로 해먹었다.

칠성초

윗부분이 굵고 끝이 뾰족하다. 매운맛이 약하고 단맛이 풍부해 생으로 먹기 좋다. 무게가 무겁고 색깔과 광택이 좋아 건고추로도 사용한다. 수분이 많고 과피가 두꺼워 고춧가루용으로도 제격이며, 바삭한 고추부각을 만들어 먹어도 좋다.

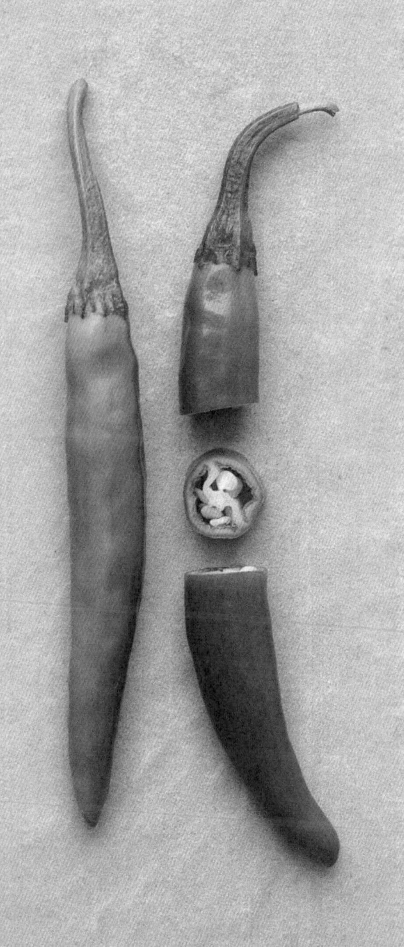

유월초

매운 과일이라 해도 무방할 만큼 달고 매운맛이 강하다. 매운맛의 여운이 길고 감칠맛이 많이 난다. 다른 고추에 비해 씨가 많고 익으면 건고추로 적합하다. 찜 요리에 활용하거나 고추장, 고추기름으로 만들어도 좋다.

토종

생김새가 짧고 통통한 토종은 캡사이신 함량이 높아 재래종 중에서도 가장 매운 편에 속한다. 신맛과 매운맛, 쓴맛이 적당히 어우러져 청양고추처럼 볶음 요리나 매운 소스에 활용하면 좋다.

시원하게 매운맛!
영양 수비초를 키우는 고추 삼총사

"이 마을에 황경환이라는 사람이 살았는데, 친구가 빌린 돈 대신 고추 씨를 줬다고 합니다. 그 씨를 심었더니 이곳 풍토에 잘 맞아 고추가 실하고, 색깔은 물론 맛도 좋아 유명해졌대요. 그때부터 마을 이름을 따서 '수비초'라 불렀다고 해요."

경북 영양군 골짜기 아래쪽에 위치한 수비면 오기리. 태백산맥과 백암산맥 그리고 일월산이 에워싸고 있어 경북에서 손꼽히는 고원지대이자 '육지 속의 섬'이라고 부르는 오지다. 공기 좋고 물 맑은 이 동네의 여름은 그야말로 고추의 계절이다. "8월 초순이면 영양 산천이 붉다"라는 말이 있을 정도. 수비면에서 대대로 재배해온 고추가 바로 수비초다. 1990년대 생명력 강한 개량종이 보급되면서 수비초를 재배하는 면적은 급격히 줄어들었지만, 그 맛을 잊지 못해 위 세대에게 종자를 물려받아 재배한 것이 오늘날에 이른다.

이 동네에는 피 한 방울 섞이지 않았지만 고추밭에서 도원결의라도 한 듯 서로서로 돕는 세 농부가 있다. 큰형님인 허정호 농부는 아버지가 조금씩 재배하던 고추 씨앗으로 60년 가까이 농사를 지었다. 이영규 농부는 서른 즈음 큰형님을 만나 지금껏 서로 의지하며 농사를 짓고 있다. 막내 전상용 농부는 직장 생활을 정리하고 귀농해 두 형님을 모시며 고추밭을 일군다. 각자 재배한 수비초를 맛보며 연구하고 농사법을 공유하면서 점점 우애가 깊어졌다.

수비면은 지형이 비탈지고 토양에 유기질이 풍부해 고추가 자라는 데 적합한 환경이다. 해발 300m 이상 고지대라 일교차가 10℃ 이상 나며, 춥고 바람이 잘 통해 병충해가 적다. 세 농부는 이른 봄에 고추 모종을 키워 4~5월 본밭에 정식(定植, 아주 심기)한다. 이때 두둑을 높게 만들고 적당한 간격으로 심어야 물이 잘 빠져 고추가 곧게 자란다. 고추는 뿌리가 얕고 줄기 위쪽에서 가지를 많이 치기 때문에 쓰러지기 쉬워 열매 맺기 전 지지대를 세우고 끈으로 묶어주는 것이 중요하다. 틈틈이 거름을 주는 것도 잊지 말아야 한다. 8월 중순부터 고추가 익기 시작하는데, 이걸 따다 바람이 잘 통하는 곳에서 말려 태양초나 가루로 빻아 판매한다. 가장 예쁘게 생긴 놈만 골라 씨를 털어 내년 농사를 위한 종자를 보관하면 한 해 농사가 마무리된다.

수비초 맛이 입소문을 타면서 재배 농가도 다시 늘고 있다. 게다가 경북 농업기술원 영양고추연구소는 영양군 농가에서 자체적으로 소비하던 재래종 고추 유전자를 수집한 후 최근 3년간의 특성을 평가해 가장 근접한 개체를 선별했다. 수비초(영고4호), 칠성초(영고5호), 유월초(영고10호), 토종(영고11호)을 복원해 무상으로 분양했으며, 올해 초부터 영양군 토종명품화사업단에서 수비초를 재배하는 농가를 지원하고 있다. 수비초의 특장점을 살려 판로를 확보하고 홍보할 예정이라 삼총사의 근심이 한층 줄었단다.

세 농부가 자랑하는 수비초 특징도 제각각이다. 이영규 농부는 맛을 꼽았다. “흔히 고추는 맵잖아요. 그런데 수비초는 아삭합니다. 자극적으로 매운 것이 아니라 시원하게 맵고 기분 좋게 달아요. 은근히 중독성이 있지요.” 전상용 농부는 수비초의 고운 색에 마음을 뺏겼다. “고추가 익어갈 때 파란색과 빨간색이 서로 섞이는 모습이 굉장히 아름다워요. 그 빛깔에 반해 지금껏 고추 농사를 짓고 있네요.” 허정호 농부는 향만큼은 고추 중에서 으뜸이라고 덧붙였다. “수비초를 손으로 뚝 잘라보세요. 과일 향이 나서 놀라실 거예요.”

그의 부인 황순자 씨는 갓 지은 밥에 고추찜과 고추소박이를 곁들여 상을 차리면서 음식 이야기를 들려주었다.

“이곳 고추는 매우면서도 달아 김치를 담글 때 쓰면 맛이 참 좋아요. 풋고추로는 고추찜을 많이 해 먹었습니다. 밥을 짓다가 뜸 들일 때 밀가루 반, 콩가루 반 섞어 묻힌 풋고추를 얹어놔요. 밥을 푸기 전에 찐 고추를 먼저 꺼내 마늘, 조선간장, 참기름, 통깨를 넣고 무치면 부드럽고 맛있어요. 우리 아저씨가 위가 좋지 않아 매운 걸 많이 못 먹어요. 그래도 수비초를 많이 넣은 된장찌개는 그렇게 좋아라 하세요. 된장찌개에는 고추를 맨 마지막에 썰어서 넣어야 합니다. 그러지 않으면 고추 향이 날아가버리거든요. 수비초는 가을에 제일 맛있어요. 돼지 꼬리같이 말린 고추 끄트머리가 약간 불그스름한 빛깔을 띨 때가 제일 맵고 향도 진하고 맛이 드는 시기예요.”

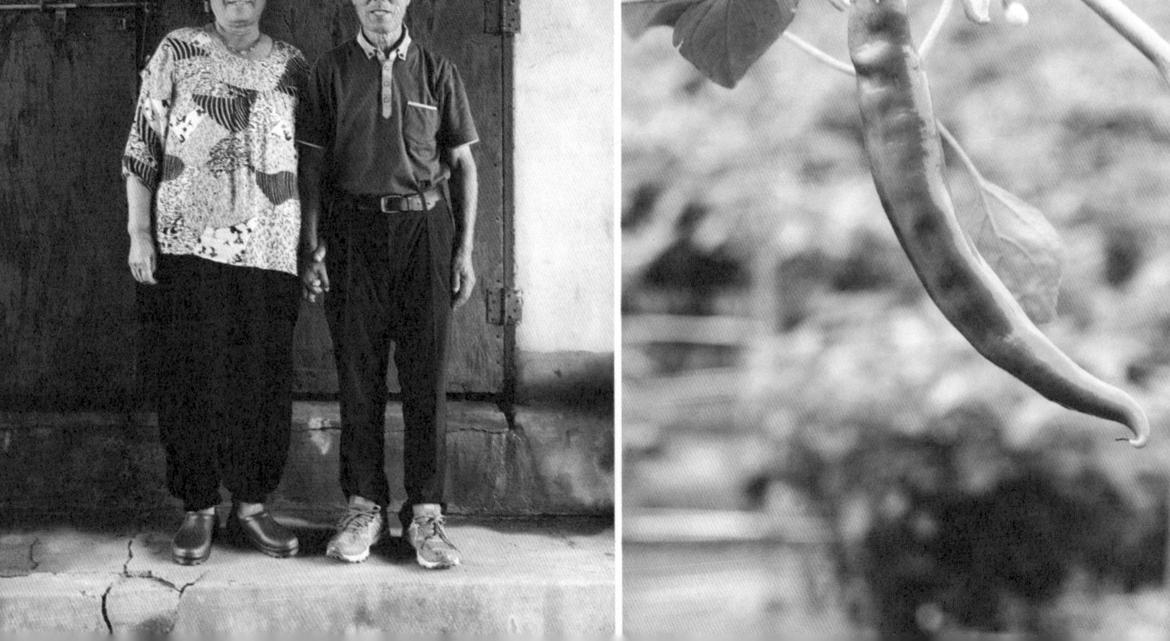

허정호 농부의 입말한식은 어머니 김석붕 씨가 며느리 황순자 씨에게 비법을 전수했고, 현재는 큰아들 허성일 씨에게 이어지고 있다.
고추찜은 반드시 밀가루와 생콩가루를 1:1 비율로 섞어 버무려야 쪘을 때 미끌거리지 않는다.
버무린 고추는 밥 뜸을 들이는 동안 밥 위에 올려 찌고 밥이 다 되면 고추만 건져서 반찬으로 먹는다.

전남 장흥 홍경희 님의 고춧물배추김치

생고추를 굵게 갈아 넣어 시원하게 먹는 전라도식 김치. 이때 확독(믹서나 방아 찧는 기계가 없었을 때 곡식을 갈거나 빻는 데 사용하던 생활용품)에 굵게 간 고추로 담는 것이 중요하다. 고추 껍질이 살짝 씹히는 식감이 좋고, 향도 진하다.

재료(4인분)

절인 배추 2포기, 무 ⅓개, 쪽파 1줌, 갓 1줌, 고추 2줌, 다시마 우린 물 2국자, 풀국 4컵, 멸치젓 4큰술, 액젓 100ml, 고춧가루 3컵, 고추씨 2컵, 다진 마늘 2큰술, 다진 생강 1작은술, 멸치 가루 3큰술, 꽃게장 국물 2컵

만들기

1 무는 채 썰고, 쪽파와 갓은 4cm 길이로 썬다.

2 고추는 확독이나 믹서에 넣고 굵게 간다.

3 볼에 고추 간 것, 다시마 우린 물, 풀국, 멸치젓, 액젓, 고춧가루, 고추씨, 다진 마늘, 다진 생강, 멸치 가루, 꽃게장 국물을 넣고 고루 섞는다.

4 ③에 무채와 쪽파, 갓을 넣고 골고루 버무려 양념을 만든다.

5 절인 배추 줄기를 중심으로 양념을 채워 넣는다.

TIP 꽃게장 국물 대신 새우젓(½컵)을 넣어도 좋다.

충북 옥천 최옥자 님의 고춧국수

무더운 여름에는 찬물에 만 국수에 고춧물 양념만 끼얹어도 매콤한 별미 한 그릇이 완성된다. 고추의 감칠맛이 빼어나 멸치 국물을 따로 넣지 않아도 충분히 맛있다. 고춧물 양념장은 겉절이 양념으로 써도 맛있다.

재료(1인분)

국수(소면) 1인분,
물 3컵, 얼음 1컵,
붉은고추·풋고추 약간씩
고춧물 양념장 고추 3개,
조선간장 2큰술, 고춧가루
1작은술, 통깨 1작은술

만들기

1 고추는 반으로 갈라 씨를 털어내고 송송 썬다.
2 볼에 고추와 조선간장, 고춧가루, 통깨를 넣어 고루 섞어 고춧물 양념장을 만든다.
3 냄비에 물을 끓여 국수를 삶는다.
4 면이 익으면 체에 밭쳐 흐르는 물로 씻은 뒤 물기를 뺀다.
5 볼에 삶은 국수와 분량의 물, 얼음을 담고 송송 썬 붉은고추와 풋고추를 올린다.
6 ②의 고춧물 양념장을 곁들여 낸다.

강원도 강릉 오희숙 님의 고추된장박이

가을 풋고추를 따서 된장에 박아두는 장아찌. 2~3개월 동안 잘 익은 고추를 찬물에 만 밥과 함께 먹으면 담백한 맛이 일품이었다고 한다. 고추의 단맛과 아삭한 식감이 입맛을 돋우는 별미다.

재료(2인분)

풋고추 10개, 된장 4컵

만들기

1 풋고추는 깨끗이 씻어 꼭지를 적당한 길이로 자른다.

2 물기를 제거하고 고추 끝부분을 이쑤시개로 찔러 구멍을 낸다.

3 밀폐 용기에 된장을 담고 고추를 넣어 버무린 뒤
파묻히도록 박는다.

4 3개월 동안 냉장고에 보관하며 숙성시킨다.

고추식혜

고추부각

전북 전주 이은숙 님의 고추식혜

매운맛이 강해 감기 기운이 있을 때 먹으면 특효약이 따로 없었다고 한다. 살짝 얼려 먹거나, 따뜻하게 데워 마셔도 좋다. 먹기 전에 매운 고추를 토핑으로 올려도 좋다.

재료(10~15인분)

찹쌀 350g, 엿기름가루 1컵, 매운 건고추 3개, 따뜻한 물 15컵

만들기

1 찹쌀은 깨끗하게 씻어 고두밥을 짓는다.

2 엿기름가루는 따뜻한 물에 1시간쯤 담가두었다가 주물러 면포에 밭친 뒤 앙금이 가라앉으면 웃물만 따라서 쓴다.

3 고두밥에 ②와 건고추를 넣고 6시간 동안 삭힌다. 밥알이 떠오르면 한 번 더 끓이고 식힌다.

충남 태안 황성주 님의 고추부각

태안에서는 초여름부터 초가을까지 나는 풋고추를 잘 말려 겨우내 먹었다고 한다. 기름기가 부족한 겨울에 반찬으로 먹고, 때로는 남녀노소 누구나 좋아하는 간식으로 즐겼다.

재료(4인분)

풋고추 2kg, 튀김가루 2½컵, 소금 3큰술, 설탕 5큰술, 간장 1큰술, 식용유 적당량

만들기

1 풋고추는 깨끗이 씻어 꼭지를 제거하고 반으로 갈라 씨를 털어낸다.

2 ①의 풋고추를 소금물에 넣어 살짝 데친 후 물기를 뺀다.

3 볼에 풋고추를 담고 튀김가루(2컵)를 뿌리고 고루 버무려 김이 오른 찜기에 찐다.

4 ③의 찐 고추에 남은 튀김가루(½)를 뿌려 살살 버무린 뒤 2~3일간 말린다.

5 냄비에 식용유를 붓고 뜨겁게 달아오르면 말린 고추를 넣어 튀긴 후 기름기를 뺀다.

6 팬에 설탕과 간장을 부어 끓으면 불을 끄고, 고추부각을 넣어 버무린다.

우리 고추로 차린 오늘의 식탁

특유한 향과 매운맛, 단맛이 조화로운 수비초로 핫 소스를 만들어보자.
매운 토종은 살사 소스로 만들어 나초에 곁들이고,
감칠맛이 나는 유월초는 훈연 향을 입힌 고춧가루로 만들어 고기에 곁들인다.

수비초 핫 소스

재료(500ml 분량)

수비초 10개, 다진 마늘 1작은술, 다진 양파 3작은술, 소금 ½작은술, 식용유 ½큰술, 물 1컵, 식초 ½컵

만들기

1 수비초는 김이 오른 찜기에 올려 10분 정도 찐 후 1cm 길이로 썬다.
2 냄비에 식용유를 두르고 ①의 수비초와 다진 마늘, 다진 양파, 소금을 넣고 5분 정도 볶는다.
3 ②에 분량의 물을 붓고 센 불에서 20분 정도 끓인다.
4 믹서에 ③을 넣어 곱게 간 뒤 식초를 넣고, 소독한 유리병에 담는다.

TIP 수비초 대신 청양고추 2~3개, 풋고추 5개, 피망 ½개를 써도 좋다.

살사 소스

재료(500ml 분량)

토종 20개, 토마토 2개, 양파 ½개, 레몬 1개, 다진 마늘 ½큰술, 핫 소스 1큰술, 소금 ⅓작은술, 후춧가루·고수 약간씩

만들기

1 토종과 토마토, 양파는 0.3×0.5cm 크기로 잘게 썰어 볼에 담는다.
2 레몬은 깨끗이 씻어 껍질을 벗기고 즙을 낸다.
3 ①에 ②를 넣은 뒤 다진 마늘, 핫 소스, 소금, 후춧가루를 넣고 섞는다.
4 잘게 썬 고수를 고명으로 올린다.

훈제 고춧가루

재료(100g 분량)

붉은 건고추 10개, 식용 목초액 1큰술, 소금 1작은술, 쿠민 ¼컵, 마늘 가루 2큰술, 오레가노 2큰술, 물 5컵

만들기

1 붉은 건고추는 끝부분을 이쑤시개로 찔러 구멍을 낸 뒤 식용 목초액과 소금을 섞은 물에 2~3시간 불려 물기를 제거해 말린다.
2 ①의 고추를 200℃로 예열한 오븐에 넣어 5~10분간 굽는다.
3 뜨겁게 달군 팬에 쿠민을 살짝 굽는다.
4 믹서에 ②의 고추와 ③의 쿠민을 넣어 곱게 간 뒤 볼에 담는다.
5 마늘 가루, 오레가노를 넣어 섞은 뒤 밀폐 용기에 담는다.

살사 소스
수비초 핫 소스
훈제 고춧가루

옥구슬처럼 곱고 달착지근한
옥수수

강원도에는 '배틀한 맛'이 존재한다. 그 맛이 무엇이냐 농부에게 물어보면 "고소한 맛", "진한 단맛", "묘하게 입맛 당기는 맛"이라 답한다. 사람마다 정의하는 맛이 조금씩 다른데, 이는 '비틀하다'의 사투리로 약간 비릿하면서도 감칠맛이 있다는 뜻이 담겨 있다. 옥수수 취재를 하던 어느 날 농부와 함께 갓 딴 옥수수를 맹물에 삶아 먹었는데, 고소한 맛과 단맛이 동시에 우러나면서 입안에 단내가 오래가는 것이 아닌가. 수수께기 같았던 배틀한 맛을 농부와 함께 느끼는 순간이었다. 옥수수에서 우러나는 삼삼하면서도 진한 감칠맛은 강원도 정선의 척박한 땅에 옥수수가 적응하면서 스스로 만들어낸 것이리라.

“

오늘날 옥수수는 여름철 별미로 먹으면 좋은 식품이지만, 50년 전만 해도 가난한 이들이 먹는 음식이라는 인식이 강했다. 그도 그럴 것이 기근이 심해 먹을 것이 부족할 때 배를 채우는 식량이었다. 게다가 땅이 척박해 쌀농사가 어려운 강원도 산간 지방에서 옥수수는 밥이자 금이었다. 옥수수알만 따로 자루에 담아 돈으로 바꾸고, 남은 옥수숫대와 잎은 쇠여물로 주고, 옥수수 수염은 삶아서 몸 아플 때 약처럼 마셨다고 한다. 뿌리부터 잎, 열매까지 하나 버릴 게 없으니 허기를 달래는 그저 그런 음식이 아니라 사람을 키워온 작물이 아닐는지.

울릉도에서는 옥수수로 청주로 빚어 즐겼고, 경북 지방에서는 옥수수와 콩을 같이 넣고 푹 끓여 죽으로 먹거나 옥수수엿을 만들었다. 지역의 옥수수 입말 한식은 쌀만큼 다양한 음식으로 모습을 바꾸며 주식 역할을 하고 있다.

다양한 재래종 옥수수

주먹찰옥수수

자루가 짧고 뭉툭한 생김새가 꼭 주먹을 쥔 모양과 같아서 붙은 이름이다. 강원도 정선과 속초 일대에서 주로 볼 수 있다. 상앗빛을 띠며 당도가 높고, 씹을수록 고소한 맛이 난다. 쪄서 먹거나 죽, 수프, 버터구이용으로 적합하다.

쥐이빨옥수수

재래종 옥수수 중에서 크기와 낱알이 가장 작고 모양이 예뻐 최근 들어 화훼용으로도 인기가 높다. 덜 여물었을 때 쪄 먹으면 흰찰옥수수와는 색다른 쫄깃한 맛을 느낄 수 있다. 튀김용으로 적합해 팝콘으로 만들어 먹으면 맛있다.

흑찰옥수수

강원도 일대와 전북 무주에서 주로 재배하던 흑찰옥수수는 길이가 10cm 안팎으로 낱알 크기가 작은 편이다. 껍질이 얇고 알맹이에 단맛과 고소한 맛이 꽉 차 있다. 뒷맛에 옥수수 특유의 풍미가 우러난다. 쪄서 먹거나 옥수수통구이, 젤라토 등으로 만들길 추천한다.

얼룩배기옥수수

강원도 속초에서 오랫동안 재배해왔으며, 흰색·보라색·검은색 알이 섞여 얼룩덜룩하다. 찰기가 있고 낱알이 단단하다. 쪄서 식어도 굳지 않고 식감이 부드럽다. 쫀득한 식감이 좋아 옥수수감자샐러드나 옥수수범벅(옥수숫가루를 된풀처럼 쑨 음식)으로 만들면 좋다.

메옥수수

메옥수수는 색에 따라 노란색과 흰색으로 나누는데 그중 흰색 메옥수수는 한 자루에 낱알이 450개 이상 붙어 팔줄배기, 열줄배기 등으로도 불렸다. 낱알이 크고 전분이 풍부하며 물에 불리면 양도 많아져 주식 대용으로 먹는다. 단맛보다 고소한 맛이 강하며 밥이나 술, 국수로 만든다.

4대째 주먹찰옥수수를 키우는
정선 이용복 농부 부부

"이밥에 고기반찬을 맛을 몰라서 못 먹나/사절치기 강냉이밥은 마음만 편하면 되잖소…./아리랑 아리랑 아라리요/아리랑 고개 고개로 나를 넘겨주게." '정선아리랑'에는 옥수수가 들어가는 가사가 많다. 산과 굽이진 길이 끝없이 펼쳐진 정선은 논과 밭이 아주 귀했다. 1980년대 초까지만 해도 옥수수 생산량이 64%인데 비해 쌀 생산량은 9.8%에 불과했다.

10년 전에도 쌀이 귀해 옥수수로 밥을 지어 먹었다는 정선 임계면의 여름은 그야말로 옥수수의 계절이다. 상품성이 좋은 개량종 옥수수가 널리 퍼지면서 재래종 옥수수 재배는 급격히 감소했지만, 토박이 농부들이 그 씨앗을 지키고 전해왔다. 이용복 농부는 이곳에서 4대째 재래종인 주먹찰옥수수를 재배하고 있다.

"옛날에는 이 주변이 죄다 옥수수밭이었지요. 메옥수수랑 찰옥수수는 한 밭에 심으면 안 돼요. 서로 교잡되면서 메도 찰도 아닌 이상한 옥수수가 되어버리거든요. 한쪽 밭에 메옥수수를 심으면 다리 건너 먼 밭에 찰옥수수를 심었지요."

농부들이 수확한 옥수수를 보면 색이 섞인 품종도 있는데, 꽃으로 자연수정된 교잡 옥수수라고 한다. 옥수수는 찰기에 따라 메옥수수와 찰옥수수로 구분한다. 메옥수수는 주식으로 이용하거나 빻아서 가루로 만들어 오랫동안 저장해두고 먹었으며, 찰옥수수는 찰기가 많아 쪄서 먹거나 떡으로 만들어 먹었다. 모양에 따라 주먹찰·쥐이빨·차돌배기 옥수수가 있고, 익는 시기에 따라 올옥수수·올찰옥수수 등이 있다. 오늘날 옥수수 농가의 90% 이상이 미백과 대학찰·일미찰 등 개량종 옥수수를 키우고 있지만, 여전히 맛 좋은 재래종 옥수수가 남아 있으니 얼마나 다행스러운 일인지 모른다.

어린 나이에 부모님을 여읜 이용복 농부는 옥수수 농사를 어깨 너머로 보고, 직접 심으며 경험으로 터득했다고 한다. 4월부터 8월까지 옥수수 씨앗을 두 알씩 심어 파종한다. 옥수수는 수확 후 하루만 지나도 맛과 식감에 차이가 생겨 심는 시기를 몇 차례 나눈단다. 거름이 많은 곳에서 잘 자라기 때문에 옥수수잎과 옥수숫대를 소의 분뇨와 섞어 발효시켜 밭에 뿌리는 일도 잊지 않는다.

이용복 농부가 기억하는 옥수수 음식은 모두 돌아가신 부모님을 대신해 키워준 할머니의 음식이다.
올챙이국수의 양념장은 갓김치를 썰어서 만든 김치 양념장이나 파·들기름·마늘 등으로 만든 간장 양념장을 주로 사용한다고 한다.
감자옥수수밥은 메옥수수가 아닌 쉽게 구할 수 있는 찰옥수수로 해 먹어도 맛이 좋다.

흥미로운 점은 옥수수가 많이 나는 곳에는 반드시 콩이 있다는 것이다. 옥수수는 지력 소모가 엄청나 땅에 질소를 공급해주는 기능이 있는 콩이나 호박 등을 같이 심는 것이 좋다고. 9월초부터 10월 중순까지 수확을 하면 이듬해 씨앗으로 쓸 것은 옥수수 껍질끼리 묶어 바람이 잘 통하는 곳에 보관한다. 벌레가 먹지 않는 한 상온에서 최소 3~4년은 거뜬하다. 그렇게 키우고 보관한 옥수수는 지금도 이용복 농부의 밥상을 채우고 있다.

"제가 기억하는 옥수수 음식은 다 할머니가 해주시던 것입니다. 부모님은 제가 태어나고 얼마 안 되어 돌아가셔서 얼굴도 모르고 할머니 손에 자랐지요. 지금 먹는 음식도 할머니 옆에서 보고 듣고 기억하던 맛을 따라 하는 거예요. 옥수수밥과 올챙이국수, 칡잎옥수수떡은 어릴 적부터 먹어온 거예요. 옥수수밥은 옥수수만 넣으면 옥수수 껍질이 꺼끌꺼끌하게 입안에서 겉도는데, 감자를 같이 넣고 지은 후 으깨서 먹으면 보드랍게 잘 넘어가요. 올챙이국수를 만들려면 먼저 통옥수수를 맷돌에 갈아 하루 종일 끓여 되직하게 해요. 이것을 구멍 뚫린 틀에 넣고 아래로 누르면 올챙이 모양처럼 동글동글하게 뚝뚝 떨어지지요. 냉국처럼 시원한 장물에 부추를 넣어 말아 먹었는데, 가끔 해 먹는 별식이었어요. 주먹찰옥수수는 우리 손주가 잘 먹어서 요즘도 종자를 받아서 계속 키우지요. 쫀득하니 맛이 좋나 봐요."

강원도 평창 심명희 님의 옥수수수제비

강원도에서는 옥수숫가루로 반죽을 만들어 멸치 국물에 납작하게 떼어 넣고 끓여서 수제비로 즐겨 먹었다. 여기에 다진 마늘과 대파를 넣거나 김치, 호박 등 제철 채소를 푸짐하게 넣어 먹었다. 옥수수 속 탄수화물이 소화가 잘되어 밀가루로 만든 수제비를 먹을 때보다 속이 편하다.

재료(2인분)

옥수숫가루 2컵, 멸치 국물 4컵, 소금 ⅓작은술, 감자 1개, 호박 ½개, 대파 ⅓대, 풋고추 1개, 물 150ml

양념장 간장 1큰술, 다진 마늘 ½큰술, 통깨 1작은술, 들기름 1작은술

만들기

1 볼에 옥수숫가루와 분량의 물을 넣고 반죽한 뒤 가래떡 모양으로 만든다.

2 냄비에 멸치 국물을 붓고 끓이다 소금으로 간한다.

3 감자는 먹기 좋은 크기로 썰고, 호박과 대파, 풋고추는 어슷하게 썬다.

4 ②의 냄비에 감자를 넣고, ①의 반죽을 손으로 납작하게 떼어 넣고 끓인다.

5 볼에 간장, 다진 마늘, 통깨, 들기름을 넣고 섞어 양념장을 만든다.

6 수제비 면이 익으면 호박과 대파를 넣고 끓인 후 마지막에 풋고추와 양념장을 곁들인다.

강원도 홍천 안화숙 님의 옥수수묵

메옥수수를 곱게 간 즙을 푹 고아 틀에 굳혀 만든 묵으로, 식감이 부드럽고 맛이 고소하다. 묵을 올챙이국수 틀에 내리면 동글동글한 올챙이 모양의 형태로도 즐길 수 있다.

재료(4~5인분)

옥수수알 10컵,
물 26컵

양념간장 간장 1큰술,
고춧가루 1큰술, 다진 파 1큰술,
다진 마늘 ½큰술,
설탕 ½큰술, 통깨 1작은술,
참기름 1작은술

만들기

1 믹서에 옥수수알을 넣고 곱게 간다.

2 ①을 체에 밭쳐 물(6컵)을 부어가며 내려 껍질과 윗물은 버리고 남은 전분만 따로 둔다.

3 냄비에 ②의 전분과 물(20컵)을 담아 기포가 생길 때까지 저어가며 끓인다. 주걱으로 떨어뜨려 주르륵 흐르는 농도로 끓인 후 뜸을 들인다.

4 식기 전에 네모난 밀폐 용기에 담아 굳힌 후 먹기 좋은 크기로 썬다.

5 볼에 간장과 고춧가루, 다진 파, 다진 마늘, 설탕, 통깨, 참기름을 넣고 섞어 양념간장을 만들어 ④에 곁들인다.

울릉도 한귀숙 님의 옥수수엿청주

옥수수는 술을 빚기에 적당한 당도를 지녀 예부터 청주로 만들어 마셨다. 집집마다 가양주(家釀酒)식으로 빚어 반가운 손님이 찾아오면 함께 마시고 즐겼다. 옅은 노란색을 띠는 옥수수엿청주는 많이 달지 않으면서 뒷맛이 깔끔하다.

재료(3L 분량)

메옥수숫가루 10컵,
엿기름가루 1컵, 누룩 1½컵,
물 7L

만들기

1 냄비에 곱게 간 메옥수숫가루와 엿기름가루(½컵)를 담고 섞는다.

2 ①의 냄비에 물(4L)을 부어 잘 저은 뒤 엿기름이 삭을 때까지 1시간 정도 끓인 다음 식힌다.

3 ②에 나머지 엿기름과 물(3L)을 부어 저은 뒤 1시간 동안 끓인다.

4 체에 밭쳐 내려 찌꺼기를 걸러낸 뒤 맑은 물은 ③의 냄비에 붓고 끓인다.

5 ④의 엿술이 붉은색이 나면서 걸쭉해질 때까지 끓인 뒤 불을 끄고 식힌다.

6 ⑤에 누룩을 넣고 10일 정도 상온에 둔 뒤 맑은 청주만 떠서 술병에 보관한다.

강원도 홍천 이옥자 님의 옥수수약과

강원도는 예부터 청밀과 참밀이라는 재래종 밀을 재배하던 곳이다. 밀과 옥수수를 수확해 옥수수약과로 만들어 먹었다. 식용유나 다른 기름이 귀해 자주 만들어 먹지는 못하고 특별한 날에만 해 먹은 별미다.

재료(4인분)

옥수수 1개, 옥수숫가루 1컵, 밀가루 2컵, 계핏가루 1큰술, 소금 2작은술, 생강즙 1½큰술, 참기름 ½컵, 설탕물(설탕 ½컵+물 4큰술), 물엿 2컵, 청주 6큰술, 꿀(또는 옥수수조청) 1컵, 식용유 2½컵

만들기

1 옥수수는 찜기에 올려 찐 후 알만 발라낸다.

2 볼에 옥수숫가루와 밀가루, 계핏가루, 소금을 넣어 섞은 후 체에 곱게 내린다.

3 ②에 생강즙, 참기름을 넣어 손으로 골고루 비벼준 후 설탕물, 물엿, 청주를 조금씩 넣어 반죽한다.

4 반죽은 약과 틀로 찍어낸 후 끓는 기름에 넣어 튀긴다.

5 튀긴 약과는 체에 밭쳐 기름기를 빼고 꿀에 담근 뒤 ①의 옥수수알을 고명으로 올린다.

우리 옥수수로 차린 오늘의 식탁

전분이 많은 메옥수수를 곱게 갈아 반죽한 뒤 뜨거운 팬에 올려 구우면 토르티야가 된다. 얼룩배기옥수수와 주먹찰옥수수는 쫀득하고 달콤한 맛이 좋아 옥수수 수프로 즐겨도 좋다.

강원도식 타코

토르티야 재료(3인분)

옥수숫가루 1½컵, 밀가루 1½컵, 베이킹파우더 1작은술, 식용유 ⅓컵, 소금 약간, 뜨거운 물 1컵

고기 샐러드 재료

다진 돼지고기 앞다릿살 200g, 다진 양파 ¼개, 다진 마늘 3쪽분, 다진 토마토 ½개분, 식초 2큰술, 소금 ½큰술, 오레가노·후춧가루·고춧가루·고수 적당량씩

만들기

1 옥수숫가루와 밀가루는 체에 곱게 내린 뒤 볼에 담아 베이킹파우더, 식용유, 소금, 뜨거운 물을 넣고 반죽한다.

2 ①을 16등분해 동그랗게 빚고 천을 덮어 상온에서 15~20분 정도 둔다.

3 ②를 최대한 얇게 민 뒤 달군 팬에 올려 살짝 굽는다.

4 180℃로 예열한 오븐에 ③을 넣어 10분 동안 굽는다.

5 팬에 식용유(분량 외)를 두르고 돼지고기를 볶다 반쯤 익으면 다진 양파, 다진 마늘, 식초, 소금, 오레가노, 후춧가루, 고춧가루를 넣는다. 다진 토마토와 고수를 올린다.

6 ④의 토르티야 위에 ⑤의 고기 샐러드를 토핑처럼 올려 먹는다.

통옥수수 수프

재료(1인분)

버터 1큰술, 다진 양파 20g, 고추씨 1작은술, 마늘 2쪽, 옥수숫가루 1큰술, 닭고기 육수 2컵, 옥수수알 2큰술, 제철 콩 1큰술, 설탕 ½작은술, 소금 ½작은술, 생크림 150ml

만들기

1 팬에 버터를 올려 녹인 뒤 다진 양파, 고추씨를 넣어 5분 동안 볶는다.

2 ①에 마늘을 으깨 넣고 한 번 더 볶는다.

3 ②에 옥수숫가루를 넣고 볶다 닭고기 육수를 부어 15분간 끓인다.

4 ③에 옥수수알과 콩을 넣고 익히다 설탕과 소금으로 간한 뒤 볼에 담는다.

5 옥수수알(분량 외)과 생크림을 토핑으로 올린다.

강원도식 타코

통옥수수 수프

축제의 곡식

수수

“

충북 제천에는 수수나 고추 등 붉은 작물을 많이 재배해 ‘붉은 마을’이라는 뜻을 지닌 붉으실마을이 있다. 오래전 그곳에서 꽃다발처럼 생긴 수수를 마주했는데, 그 모습에 넋을 잃어 한반도에 자생하는 다양한 수수를 찾아다니기 시작했다.
마을마다 내려오는 수수 입말한식을 살펴보니 대개 수수의 붉은색이 복을 가져다준다고 믿어 잔치상과 제사상에 빼놓지 않고 올리곤 했단다. 수수는 배를 불리는 식량이기 전 ‘먹는 기도’ 같은 존재였던 셈이다.
수수 맛은 한마디로 그윽하다. 고소한 맛과 단맛을 동시에 지니고 있다. 그래서 수수는 밥으로 짓거나 조청으로 고으면 그 맛을 제대로 음미할 수 있다. 수확 후에도 장시간 유지하는 구수한 향미 덕분에 제과·제빵용이나 서양 요리에 쌀 대용으로 많이 쓴다.

”

"

엄마가 만들어주시던 수수 음식과 농촌 마을에 남아 있는 수수 음식은 그 원형을 유지하면서도 새로운 맛으로 변해가고 있다. 맷돌에 갈아 먹던 수수는 이제 미분기로 곱게 간 것을 손쉽게 구할 수 있다. 익반죽해 바삭하게 구워 먹거나 팥소를 넣어 먹던 수수부꾸미는 견과류와 제철 콩을 풍성하게 넣으면서 계절의 별미로 자리 잡았다.
어디 그뿐이랴. 토종 돌배(문배) 향이 난다고 해서 문배주로 부르는 평양의 수수술, 곡식 중 제일 먼저 여무는 햇수수와 풋콩·불린 호박고지 등을 넣고 쪄 먹는 경북의 수수옴팡떡, 단수수 열매를 볶아 약으로 마신 충북의 수수차까지…. 먹는 사람과 시대에 따라 변하며 입말로 이어지고 있다.

"

붉은찰수수
꼬마단수수
꼬부랑수수
검은단수수

다양한 재래종 수수

붉은찰수수

가장 대중적으로 재배해온 붉은찰수수는 타닌 함량이 높아 살짝 쓴맛이 난다. 폴리페놀 함량은 적포도주의 6배, 흑미의 2배에 달한다. 밀가루 대신 사용해도 좋을 만큼 찰기가 강하다. 제과용으로 활용하거나 떡, 수수밥으로 지어 먹는다.

꼬마단수수

2.2m 안팎으로 자라며 키가 작은 편에 속한다. 이삭은 뭉뚝하며, 낟알이 매우 작고 짙은 갈색을 띤다. 수수 중 당도가 가장 높고, 열매는 볶아 차로 마신다. 수숫대를 생으로 먹거나 디저트용 시럽으로 조리한다.

꼬부랑수수

자랄수록 고개가 꺾여 지팡이수수라고도 부른다. 수확 철이 되면 낟알이 풍성하게 달려 이삭 모양이 예쁘다. 찰기가 있고 씹으면 약간 씁쓸한 맛이 진하게 난다. 타닌과 플라보노이드 성분이 많아 약용으로도 사용했다. 수수차나 술로 만드는 데 적합하다.

검은단수수

재래종 사탕수수로 검은 이삭이 팬다. 여름철 열매가 익기 전 수숫대 껍질을 벗겨내고 속살을 씹으면 단물이 배어 나온다. 단맛이 강하며 쓴맛은 덜 나고 약간 과일 같은 향미가 있다. 수숫대를 생으로 먹거나 시럽 또는 수수차로 즐기길 추천한다.

누런 땅에서 붉은 수수를 키우는
논산 권태옥·신두철 농부

땅이 누런색이라고 해서 토박이말로 '놀뫼'라고 부른 논산. 논산천과 금강이 만나 이루어진 논산평야가 펼쳐져 있고, 차령산맥이 북서 계절풍을 막아주는 바람막이 역할을 해 한겨울에도 농사가 잘되는 땅으로 유명했다. 상월면 월오리에 사는 토박이 권태옥·신두철 농부는 논산의 누런 땅 위에 붉은 수수를 재배하며 살아왔다.

"거 왜 있잖아요, 해님과 달님 이야기요. 어미 잃은 오누이를 쫓아 썩은 동아줄을 타고 가던 호랑이가 수수밭에 툭 떨어져 죽었는데, 그 피가 수숫대를 빨갛게 물들였다는 전래 동화요. 충청도에 전해 내려오는 동화인데, 그만큼 수수는 우리 지역에서 친숙한 곡식이에요."

권태옥 농부의 말마따나 수수는 충청도가 전국 생산율 1위고 그다음이 강원도, 경상도 순이다. 한국뿐 아니라 전 세계 5억 명의 인구를 먹여 살리고 있는 수수는 세계에서 다섯 번째로 생산량이 많은 곡식이다.

1980년대까지 남한 땅에서 주로 재배해온 수수는 꼬마단수수, 꼬부랑수수, 단수수, 당목수수, 몽당수수, 까치수수 등 15종이었다. 현재 권태옥·신두철 농부는 단수수와 꼬부랑수수, 꼬마단수수를 재배하고 있다. 이들이 사는 월오리 마을은 집집마다 논두렁에 단수수와 붉은찰수수를 심었다. 끼니를 걱정하는 시절이었지만 남는 땅에 꼬박꼬박 수수를 심었다. 한 해의 기념일이나 잔칫날을 위해 심은 것이라 하니 새삼 농부의 삶이 감탄스럽기까지 하다.

권태옥 농부는 어릴 적부터 집안 농사일을 돕다 초등학교 동창인 신두철 농부에게 옆 동네 월오리 마을로 시집왔다.

"어머니가 시집갈 때 아이 낳으면 쓰라고 수수, 장 담그는 콩, 제사 때 올리는 흰팥을 씨앗 주머니에 싸서 주시더라고요. 씨앗 불리듯이 살림도 잘 불려 살라고요."

어머니의 이런 바람 덕분인지, 논산의 기름진 땅 덕분인지 그가 처음 시집올 때 마련한 2마지기 논밭은 올해 20마지기로 불어났다.

수수는 병충해에 강해 신경 써서 돌보지 않아도 쑥쑥 자라는 작물이다. 5월에 씨앗을 심으면 수확까지 보통 100~120일 정도 걸리는데, 수확 초기는 새가 많이 쪼아 먹어 농부가 가장 애먹는 시기이기도 하다. 이를 막기 위해 신두철 농부가 터득한 방법은 씨앗 심는 시기를 6월 초로 늦

추는 것. 이렇게 하면 수수 열매 영그는 시기가 벼 익는 9월과 겹쳐 새들이 수수는 건들지 않는다고 한다. 10월 초 수수를 수확할 때 대까지 함께 끊어 이삭째 말린 후 광에 보관한다. 수수는 곰팡이가 잘 피어 한 해 안에 먹어야 하는데, 요즘은 낟알을 냉장고에 보관해서 먹는다.

"수수는 1년에 한 번 수확하고, 수확량도 적어 옛날에도 귀한 곡식이었습니다. 어머니는 특별한 날에만 곳간에서 수수를 꺼내 음식을 해주셨어요. 특히 수수경단은 아이의 백일을 축하하고 오래오래 잘 살라는 뜻으로 만들어 먹었지요. 옛날에는 백일 전에 죽는 아이가 많았거든요. 붉은색이 액운을 막는다고 믿어 붉은 곡식인 팥이랑 수수로 떡을 만들어요. 껍질을 벗기지 않은 팥과 수수를 사용해야 붉게 쪄지지요. 생일에는 수수밥과 미역국을 먹었고요. 어머니는 가마솥에 수수밥을 지었어요. 마지막 뜸 들일 때 수수 이삭을 넣어 같이 쪘는데, 수수 낟알을 똑똑 따 먹는 맛이 별미였죠. 저는 학교 끝나고 돌아오는 길에 단수수 수숫대를 꺾어서 잘근잘근 씹어 먹는 것을 가장 좋아했어요."

권태옥 농부는 시집올 때 어머니에게 받은 씨앗과 동네 이웃에게 받아 모은 충청도 지역의 옛 씨앗을 모아 농장 한쪽에 씨앗 도서관을 만들었다. 수수와 더불어 지역의 다양한 씨앗과 입말한식을 보존하고 싶어서다. 그 소중한 이야기는 엄마에게서 딸에게, 그 딸에게서 다시 마을로, 그리고 충청도를 넘어 다른 지역 사람들에게까지 이어지고 있다. 누런 벌판의 붉은 수숫대에서 농부들의 흥겨운 축제 소리가 들리는 듯하다.

권태옥 농부의 수수 입말한식은 친정어머니 김예수 씨에게서 시작해 권태옥 농부, 그의 둘째 언니 권승자 씨에게도 이어지고 있다.
수수밥은 일반 수수를 물에서 두 차례 정도 치대어 씻어 쓴맛을 뺀 뒤 5시간 이상 불리는 것이 좋다. 수수와 쌀은 3:7의 비율을 맞춰 짓는다.
이때 수수는 75% 이하로 도정해야 수수 껍질에 함유된 항산화 물질을 충분히 섭취할 수 있다.

수수밥

- 수수를 먼저 물에 불려 주세요
- 쌀은 씻은후 체에 받쳐 물을 뺀다.
- 솥에 수수와 밥을 쌀밥을 8 수수는 2로
  솥에 안친다.
- 밥이 (센불로 끓이다가 약불로 줄여 뜸을 들인다)
  완성 됩니다.

수수 망탱이

- 수수를 찬물에 담가 놓는다.
- 수수를 곱게 빻아서 (맷돌에 갈아서 사용)
- 반죽을 해서 완자를 만들어 놓는다
- 뜨거운 물에 반죽한 완자를 넣고 꺼낸다 ~~찬물에 식~~
- 팥고물을 만들어 놓는다.
- 만들어 놓은 완자에 팥고물을 우친다.

경북 문경 김숙이 님의 수수풀떼기

수수풀떼기는 식량이 모자르던 시절 수수, 팥, 호박 등을 넣어 밥 대신 끼니로 삼던 음식이다. 경북에서는 수수와 콩 등을 넣고 죽보다 약간 되직하게 끓여 먹는다. 서울과 경기도에서는 호박을, 강원도에서는 옥수수와 나물을 넣어 끓이기도 한다.

재료(4인분)

수수 1컵, 찰수수 가루 1 ½컵,
고구마 1개, 밤 5알,
동부 100g, 대추 7알,
소금 1작은술, 물 10컵

만들기

1 수수는 깨끗이 씻어 물에 6시간 정도 불린다.
2 볼에 찰수수 가루와 물을 약간 넣고 젓는다.
3 고구마와 밤은 껍질을 벗기고, 동부와 대추는 깨끗이 씻어 물기를 제거한다.
4 냄비에 분량의 물을 붓고 불린 수수와 ③을 넣어 끓인다.
5 ④가 익으면 ②를 넣고 눋지 않게 저어가며 끓이다 소금으로 간한다.

충북 단양 지숙희 님의 수수부꾸미

수수부꾸미는 성질이 따뜻한 수수에 기름을 둘러 굽는 떡이라 겨울철 영양식으로 요긴했다. 지역에 따라 팥이나 콩, 대추, 잣 등 소를 넣어 굽기도 하고 소를 넣지 않고 조청이나 꿀에 찍어 먹기도 한다.

재료(4인분)

찰수수 가루 10컵, 소금 1 ½큰술, 팥 2컵, 꿀 4큰술, 뜨거운 물 1 ¼컵, 식용유 적당량

만들기

1 볼에 찰수수 가루와 분량의 뜨거운 물을 넣어 반죽한 뒤 소금으로 간한다.

2 팥은 물에 불려 냄비에 삶은 후 체에 밭친다.

3 ②를 볼에 담아 꿀을 넣어 섞는다.

4 프라이팬에 식용유를 두른 후 ①의 반죽을 조금씩 둥글게 떼어놓고 뒤집개로 눌러가며 굽는다.

5 한쪽이 익으면 ②의 팥소를 올리고 반으로 접어 반대쪽도 마저 익힌다.

경남 합천 홍은자 님의 수수조청

예부터 수수는 약으로 많이 썼다. 특히 기관지에 좋아 천식을 앓는 사람은 수시로 조청을 끓여 먹었다고 한다. 음식에 단맛을 더하고 싶을 때 설탕 대신 사용해도 아주 좋다.

재료(100ml 분량)

수수 3컵, 엿기름가루 300g, 물 15컵

만들기

1 수수는 깨끗이 씻어 물에 6시간 이상 불린다.

2 볼에 엿기름가루를 담고 따뜻하게 데운 물(4컵)을 부어 30분 정도 둔다.

3 바닥에 가라앉은 엿기름가루를 삼베 자루나 물이 잘 빠지는 천에 담고 물(4컵)을 부어가며 주물러 뽀얀 엿기름물을 고운체에 밭는다.

4 ①의 수수는 믹서에 넣고 간 후 물(7컵)과 함께 냄비에 담아 1시간 정도 죽을 쑤듯이 끓인다.

5 전기밥솥에 ③의 엿기름물과 ④의 수수죽을 넣고 보온 버튼을 누른 뒤 10~12시간 동안 삭힌다.

6 ⑤를 체에 밭쳐 맑은 국물만 걸러낸 후 냄비에 담고 나무 주걱으로 저어가며 걸쭉해질 때까지 3시간 동안 졸인다.

충남 논산 권태옥 님의 수숫대보리밥

권태옥 농부가 어머니에게 배운 입말한식이다. 밥을 뜸 들일 때 갓 수확한 수수 이삭을 넣으면 증기에 낟알이 충분히 익는다. 시중에서 파는 수수 낟알은 건조한 것이므로 따로 불려두었다가 삶은 뒤 밥 위에 올려 짓는 것이 좋다.

재료(5인분)

멥쌀 4컵, 보리 2컵,
수수 이삭 1대

만들기

1 보리는 물에 미리 불려 멥쌀과 함께 냄비에 담아 중간 불에 올린다.

2 밥물이 끓기 시작하면 약한 불로 줄인다.

3 밥이 서서히 되어가면 수수 이삭을 밥 위에 얹어 뜸을 들인다.

4 ②의 냄비에서 수수 이삭만 먼저 꺼내 먹거나, 이삭의 수수 낟알을 떼어내 껍질을 벗긴 후 밥과 섞어 먹는다.

우리 수수로 차린 오늘의 식탁

쌀보다 다글다글한 식감과 향미가 뛰어난 찰수수로 아란치니를 만든다. 낟알이 단단하고 전분이 많아 아란치니의 맛이 풍성해진다. 여기에 수수와 옥수수를 주재료로 단시간에 발효시켜 달콤한 맛이 좋은 계명주를 곁들이면 아주 좋다.

* 아란치니 조리는 이탤리언 식당 '아까바' 이현승 요리사의 도움을 받았다.

수수 아란치니

재료(3~4인분)

수수 4컵, 채소 국물 3컵, 버터 3큰술, 잘게 썬 양파 1개, 다진 마늘 2큰술, 다진 고추 1½개, 파르메산 치즈 가루 3큰술, 달걀 3개, 다진 파슬리 1큰술, 소금 1큰술, 후춧가루 ½큰술, 밀가루 1컵, 달걀물 2개분, 빵가루 1컵, 카놀라유 2컵

만들기

1 냄비에 수수와 채소 국물을 붓고 소금(½큰술)을 넣어 10분간 끓여 볼에 담는다.

2 달군 팬에 버터를 넣어 녹인 뒤 잘게 썬 양파와 다진 마늘, 다진 고추를 넣어 볶다가 익으면 불을 끈다.

3 ②의 냄비에 파르메산 치즈와 달걀을 넣어 섞은 뒤 ①의 볼에 담고 파슬리, 소금(½큰술), 후춧가루를 넣어 반죽한다.

4 반죽을 둥글게 빚은 뒤 밀가루, 달걀물, 빵가루 순으로 튀김옷을 입힌다.

5 냄비에 카놀라유를 붓고 뜨겁게 달아오르면 ④를 넣어 바삭하게 튀긴다.

계명주(수수술)

재료(20L 분량)

누룩 5컵, 묽은 쌀조청 15컵, 찰수수 3kg, 옥수수 8kg, 솔잎 500g, 물 35L

만들기

1 볼에 누룩과 쌀조청을 넣어 6~7일 정도 묵힌 뒤 냄비에 담아 은근하게 끓인 다음 면포에 걸러 차게 식힌다.

2 찰수수와 옥수수는 10~12시간 불려 믹서로 곱게 갈아 냄비에 담고 분량의 물을 부어 끓인다. 죽처럼 되면 면포에 거른다.

3 항아리에 ①과 ②를 고루 섞은 후 솔잎을 넣는다.

4 25~28℃의 실내에서 7일 동안 발효한 뒤 거른다.

계명주(수수술)
수수 아란치니

넝쿨째 들어와 밥상을 채운

호박

우리나라의 호박을 찾아다니며 발견한 특이한 점은 판매를 목적으로 하기보다 자신들이 먹기 위해 키우는 농가가 대부분이라는 것이다. 아마도 밭에 씨앗을 뿌리기만 하면 알아서 자라는 호박을 누가 사 먹겠느냐는 생각 때문일 것이다. 직접 먹기 위해 키워서 그런지 지역의 호박 입말한식은 집집마다 개성이 강하다. 강원도에서 맛본 호박꽃만두와 꽃부각은 경기도에서는 찾아보기 어렵다. 호박김치를 담그는 방식도 다르다. 갓을 넣느냐 배추를 넣느냐, 어떤 젓갈을 사용하느냐에 따라 천차만별이다.

도심에서는 밤호박이나 단호박처럼 크기가 작고 단맛이 뛰어난 품종이 인기 있지만, 옛 호박은 여전히 크고 거칠고 덜 달다. 그중 오래전부터 우리 땅과 음식 맛에 토착화된 맷돌호박이나 긴호박은 생김새처럼 두루뭉술하고 한마디로 잘라 말할 수 없는, 묽고 맑고 거칠고 펑퍼짐한 단맛이다. 그 애매모호한 맛이 생선찌개를 만나면 감미가 배가되어 감칠맛과 구수함을 더해주고, 식용유와 만나면 쫄깃하면서도 부드럽고 달큼한 호박전이 된다.
만나는 식재료에 따라 자신을 맞추는 우리나라 호박은 한국인의 심성과도 닮았다. 이렇듯 융통성 있는 맷돌호박이나 긴호박과는 달리 되호박이나 약호박, 떡호박처럼 자신만의 확고한 맛을 내세우는 호박도 여럿이다.

다양한 재래종 호박

충남 약호박

화초호박이라고도 불렀고, 민간에서 약용으로 많이 써
약호박이라고도 한다. 처음에는 일반 호박처럼 푸른색을 띠며
자라지만, 익을수록 빨강에 가까운 주홍빛으로 변한다.
약호박은 푹 끓여 약재로 쓰거나 호박즙이나 차 등을 만든다.

경북 긴호박

일교차가 큰 내륙 산간 지역에서 자라는 길쭉한 호박이다.
밭에 두고 익히면 늙어서 노랗게 변하는데, 서리를 맞지 않도록
보관해야 한다. 단맛이 적당하고 식감이 부드럽다.
열을 가하면 조직이 물러져 호박 퓌레를 만들기에 적합하다.

충남 약호박

경북 긴호박

강원도 되호박

강원도 고랭지나 산기슭, 밭둑에 심은 토종 호박이다.
동글동글하게 생긴 모양이 됫박과 닮았다고 해서 되호박이라
불렀다. 단맛은 살짝 떨어지지만 아삭한 식감이 매력적이다.
되호박을 끓는 물에 넣으면 속이 마치 삶은 국수처럼 된다.
된장찌개에 넣거나 살짝 데쳐 무침으로도 먹는다.

경기도 맷돌호박

흔히 늙은 호박이라고 부르는 맷돌호박은 여름에 따지 않고
밭에서 그대로 익혀 늦가을에 수확한다. 따뜻하고 습도가 높은
기후에서 잘 자란다. 산후 부기를 빼는 데 효과가 있다.
서양 호박보다 당도가 높아 호박죽, 식혜, 조청, 호박오가리,
호박즙을 만들기에 좋다.

강원도 되호박

경기도 맷돌호박

맛이 꽉 찬 호박처럼 살아온
화성 장순희 농부 부부

경기도 화성, 이곳의 농부들은 하나같이 논밭을 일구다 새갱이(민물새우) 철이 되면 집 앞 바다로 나가 양철통을 가득 채워 오곤 했다. 논밭보다 바다가 내주는 양식이 훨씬 기름지고 값어치가 있었다. 화성 토박이 장순희 농부가 시집온 이화리 뱅곳마을 역시 그랬다. 바다밭에서 캔 것들로 살림을 꾸려가도 충분한 날이 많았지만 호박만큼은 절대 밥상에서 내려오는 법이 없었다.

"이곳 땅이 농사 말고는 보잘것없어 보였는지, 나라에서 바다를 전부 논으로 메워버렸어요. 바다로 나갈 일이 줄어들자 동네에서 오래전부터 키워오던 호박을 더 많이 먹기 시작했어요. 골이 져 예쁘게 생긴 맷돌호박과 갸름한 모양의 긴호박, 파란 청호박으로 1년 내내 밥해 먹고 살았죠. 잘 익은 호박은 단맛이 강해 매일 먹어도 물리지 않았어요."

1970년도 중반 화성에는 드넓은 바다밭이 사라지고 한국 최초의 간척지인 남양만이 생겨 사람들은 바다 대신 논밭에 의지하며 살아야 했다. 염전은 미네랄이 풍부해 벼농사든 밭농사든 잘될 것이라고 했지만, 땅속 깊이 스며든 염분이 비에 충분히 씻겨나가기까지 꽤 많은 시간이 걸렸다. 그런 땅에 호박은 심기만 해도 농사가 잘되니 동네 사람에게 사랑받는 작물이요, 없어서는 안 될 주식으로 자리 잡은 것이다.

장순희 농부의 호박 농사는 봄이 올 무렵 시작된다. 3월이 되면 갖가지 호박씨를 논둑과 밭둑에 심는다.

"늦봄부터 초여름까지 호박꽃과 호박잎이 피고 자랍니다. 어린 애호박은 이때부터 수확이 가능해요. 늙은 호박은 음력 7월 중순부터 노란색을 띠고 덩치가 커지지요. 밭에서 그대로 익혀 늦가을에 수확합니다. 호박이 노랗게 익으면 뒤란 장독대 쪽에 가득 쌓아두었어요. 그 모습만 보면 복이 절로 굴러올 것 같은 생각에 기분이 아주 좋았지요."

추운 겨울 귀한 양식이 되어줄 호박은 수확 못지않게 보관법도 중요하다. 따뜻한 비닐하우스나 창고에 호박을 넣어두는데, 15℃ 안팎의 온도와 50~70%의 습도에서 비교적 오래 보관할 수 있다. 더운 지역이 원산지이기 때문에 표준 냉장 온도에 보관하면 냉해를 입기 때문이다. 애호박은 어릴수록 가장 달고 7~10℃에서 몇 주 동안 보관 가능하다. 호박씨앗은 내년 농사를 위해 잘 말린 후 망에 넣어 서늘한 곳에 둔다.

장순희 농부의 입말한식은 시어머니 최완섭 씨와 둘째 동서 한상연 씨에게 배워 현재는 며느리 박연안 씨에게 이어주고 있다.
호박푸레기밥은 예전엔 가마솥에 끓였지만 요즘은 호박 껍질만 벗겨내고 전기밥솥에 쌀과 함께 넣어 찌면 손쉽게 만들 수 있다.

장순희 농부의 삶은 푸근한 늙은 호박과 떼려야 뗄 수가 없다. 호박으로 만든 이유식을 먹고 자랐고, 시집와 아이를 낳고 부기를 뺄 때도 호박과 함께했다. 껍질 벗긴 호박을 푹 쪄서 소금으로 간한 뒤 즙을 내려 먹었는데, 손주를 안겨준 며느리에게도 아낌없이 만들어주었단다. 호박의 굵은 주름처럼 어느덧 장순희 농부의 얼굴에도 깊은 주름이 가득하다. 아득한 세월을 달려오는 동안 풍성한 호박 맛이 담긴 음식은 자식과 손주에게 이어졌다.

"여름이면 호박잎 따다 된장 양념해서 쌈을 싸 먹었어요. 애호박은 작을수록 맛이 좋아요. 채 썰어서 멸치 넣고 볶아 먹었지요. 늙은 호박은 따서 두면 더 누렇게 변해요. 키우기도 수월하고 단맛이 진해 먹기도 좋았지요. 호박푸레기도 많이 먹었어요. 가족과 다 같이 호박 속을 숟가락으로 긁어내어 큰 가마솥에 넣고 밀가루, 콩과 함께 끓여 먹으면 그게 밥이었지요. 10월이 되면 늙은 호박을 썰어 새뱅이와 함께 소금에 절여 큰 항아리에 담았는데, 그것을 삭혀 겨울 내내 먹었어요. 호박찌개에도 넣고, 맨밥 위에도 올려 먹었지요. 새우가 귀하니 시아버지께 많이 만들어 드렸어요. 호박오가리(늙은 호박을 썰어서 말린 것)는 겨울에 찹쌀가루와 함께 푹 쪄서 떡을 만들어 먹었어요."

호박오가리탕
늙은호박된장국

강원도 인제 백석희 님의 호박오가리탕

늙은 호박을 잘라서 말린 호박오가리는 겨울철에 부족한 비타민을 채워준다. 멸치 육수에 호박오가리와 새우, 들깨가루를 넣어 끓이면 호박 속 감칠맛과 단맛이 국물 맛을 깊고 진하게 만든다.

재료(1인분)

호박오가리(늙은 호박 말린 것) 70g, 간장 2큰술, 멸치 국물 2컵, 들깻가루 3큰술, 찹쌀가루 3큰술, 민물 생새우 10마리

만들기

1 호박오가리는 물에 담가 3시간 정도 불린 뒤 물기를 짜고 적당한 크기로 자른다.

2 볼에 불린 호박오가리와 간장을 넣고 조물락조물락 무친 뒤 팬에 살짝 볶는다.

3 냄비에 멸치 국물을 붓고 들깻가루와 찹쌀가루를 넣어 푼다.

4 ③에 ②를 넣어 끓이다가 새우를 넣고 국물이 자작해질 때까지 끓인다.

전남 도초도 박귀이 님의 늙은호박된장국

전라도에서는 가을철에 잡히는 여러 가지 조개를 넣고 푹 끓인 호박된장국으로 바닷바람에 꽁꽁 언 몸을 녹였다.

재료(4인분)

늙은 호박 200g, 된장 4큰술, 조갯살 50g(¼컵), 소금 약간, 물 8컵

만들기

1 늙은 호박은 껍질을 벗겨 씨를 긁어내고 얇게 저민다.

2 냄비에 분량의 물을 붓고 된장을 푼 뒤 호박을 넣어 끓인다.

3 ②에 조갯살을 넣고 소금으로 간한다.

호박매집

호박국

경북 봉화 임부심 님의 호박매집

호박고지(애호박을 얇게 썰어 말린 것)를 겨울에 다시 물에 불려 멸치와 밀가루를 넣고 끓인 국이다. 풀죽만큼 걸쭉하게 끓이는 것이 특징으로, 개운한 단맛이 별미다.

재료(2인분)

호박고지(애호박 말린 것) 40g,
멸치 20g(10마리),
참기름 1작은술,
조선간장 1큰술,
다진 마늘 1큰술, 소금 약간,
밀가루 3큰술, 물 4컵

만들기

1 호박고지는 미지근한 물에 담가 8시간 이상 불린다.
2 달군 팬에 참기름을 두르고 호박고지와 멸치, 물을 넣고 한 번 더 끓인다.
3 ②의 팬에 조선간장과 다진 마늘, 소금을 넣고 한 번 더 끓인 후 밀가루를 넣어 걸쭉해질 때까지 끓인다.

제주도 임철식 님의 호박국

제주도 앞바다에서 잡은 생선을 늙은 호박과 함께 얼큰하게 끓인 제주도식 생선찌개다. 취향에 따라 된장을 넣기도 하는데, 구수한 된장이 감칠맛을 더해준다.

재료(2인분)

늙은 호박 2조각(5cm 길이),
갈치 2토막(6cm 길이),
된장 1큰술, 조선간장 1큰술,
다진 마늘 약간, 배춧잎 3장,
홍고추 1개, 쌀뜨물 3컵

만들기

1 늙은 호박은 나박나박 썬다.
2 갈치는 깨끗이 손질한 뒤 먹기 좋은 크기로 자른다.
3 냄비에 쌀뜨물과 갈치, 된장, 조선간장을 넣고 끓이다가 늙은 호박과 다진 마늘을 넣고 끓인다.
4 갈치가 다 익으면 배춧잎을 넣고 한 번 더 끓인 뒤 잘게 썬 홍고추를 넣는다.

강원도 횡성 신현초 님의 호박꽃부각

예부터 화전민은 호박꽃을 다양하게 활용했는데, 각종 나물과 두부를 으깨어 소를 만든 후 호박꽃에 넣어 찌거나 튀기거나 지져 먹었다. 기름이 귀한 시절에 호박꽃부각은 특별한 날에만 먹는 음식이었다.

재료(2인분)

호박꽃 10송이, 쌀가루 1컵, 당귀잎 가루 3큰술, 식용유 1컵, 물 약간

만들기

1 볼에 쌀가루와 당귀잎 가루, 물을 담아 섞는다.

2 호박꽃은 깨끗이 손질해 ①의 튀김옷을 고루 묻힌다.

3 냄비에 식용유를 붓고 달군 뒤 ②를 넣고 튀긴다.

TIP 호박꽃은 알레르기 반응을 일으킬 수 있으므로 암술과 수술, 꽃받침을 제거하고 쓴다.

충북 진천 안연희 님의 약호박중탕

약재로 활용하기도 했던 약호박은 속을 파낸 후 도라지와 인삼, 대추 등과 꿀을 넣고 정성스럽게 고아 먹었다. 호박 속의 단맛에 도라지와 인삼의 쌉쌀한 맛이 배어들어 맛이 아주 일품이다. 목이 칼칼하거나 감기 기운이 있을 때 만들어 먹으면 도움이 된다.

재료(2인분)

약호박 1개, 은행 10알, 인삼 1뿌리, 대추 2알, 호박씨 20개, 꿀 2큰술

만들기

1 약호박은 깨끗이 씻어 꼭지 부분을 동그랗게 자르고 속을 파낸다.

2 은행, 인삼, 대추는 흐르는 물에 깨끗이 씻는다.

3 약호박에 꿀, 호박씨, ②를 넣고 호박 뚜껑을 덮는다.

4 찜기에 ③을 넣고 30분 정도 찐다.

우리 호박으로 차린 오늘의 식탁

쫀득한 식감이 매력적인 떡호박은 푹 쪄서 으깬 후 견과류와 리코타 치즈를 넣고 범벅 샐러드로 만든다. 되호박은 끓는 물에 삶으면 속이 마치 삶은 국수처럼 되는데 이를 파스타나 무침 요리로 만들면 신선한 맛과 아삭한 식감을 즐길 수 있다.

떡호박범벅 샐러드

재료(2인분)

떡호박 ¼개,
감자 중간 크기 1개,
콩 3큰술, 팥 3큰술,
소금 1작은술,
리코타 치즈 4큰술,
견과류 약간,
메이플 시럽 1큰술

만들기

1 떡호박은 껍질을 벗겨 찜기에 15분 정도 찐다.
2 떡호박을 꺼내 속을 파낸 후 잘게 으깬다.
3 감자는 껍질을 벗긴 후 냄비에 물을 붓고 삶아 으깬다.
4 콩과 팥은 흐르는 물에 씻어 냄비에 담고 물과 소금(½작은술)을 넣어 삶는다.
5 볼에 으깬 떡호박과 으깬 감자, 콩, 팥, 소금(½작은술)을 넣어 고루 섞는다.
6 ⑤의 볼에 리코타 치즈와 견과류, 메이플 시럽을 넣어 버무린다.

호박 파스타

재료(2인분)

되호박 속 50g, 긴호박 100g, 맷돌호박 100g,
파스타 면 250g,
달걀노른자 3개분,
생크림 ½컵, 파르메산 치즈 70g, 새우젓 국물 1큰술, 마늘 2쪽,
볶은 통후추 ½작은술,
올리브유 2큰술,
볶은 호박씨 2큰술

만들기

1 되호박은 냄비에 넣고 삶는다. 익으면 속을 면처럼 뺀다.
2 긴호박과 맷돌호박은 채칼로 길게 썰고, 마늘은 편으로 썬다.
3 끓는 물에 파스타 면을 넣고 70% 정도 익혀 체에 밭쳐 물기를 뺀다.
4 볼에 달걀노른자와 생크림, 파르메산 치즈(50g), 새우젓 국물을 넣고 섞는다.
5 팬에 올리브유를 두르고 달아오르면 마늘을 넣어 볶는다.
6 ⑤의 팬에 ①과 ②의 호박을 넣고 볶다가 마늘과 볶은 통후추, 면을 넣어 한 번 더 볶는다.
7 ⑥을 그릇에 담고 남은 파르메산 치즈와 볶은 호박씨를 올린다.

호박 파스타

떡호박범벅 샐러드

밥이자 약이다
호두

"

팔십 평생 김천을 벗어난 적 없는 토박이 김대진 농부의 마을에서는 아기에게 먹일 젖이 부족하면 하얀 호두살만 발라 미음을 쑤어 먹이곤 했는데, 생호두의 비릿한 향과 색이 엄마 젖과 비슷해 아기가 곧잘 먹어 살이 올랐다고 한다. 그 아이가 어른이 되어서도 감기에 걸리면 병원을 찾기 보다 호두 기름을 한 숟가락 떠먹으며 기침을 가라앉혔다고 하니 농부의 일생 속에서 호두는 밥이자 약이었다. 호두는 100g당 지방이 65%로 불포화지방산이 가장 높은 견과류로, 기름기와 영양분이 부족한 겨울 밥상에 요긴하게 쓰였다.

"

“

말리거나 묵혀둔 겨울 식재료로 만드는 정월 대보름 음식엔 유난히 기름을 많이 사용하는데, 호두기름도 그 중 하나였다. ‘부럼 깨기’는 호두를 비롯한 다양한 열매를 깨물어 먹으며 한 해 동안 몸에 부스럼이 나지 않길 바라던 풍습인데, 실제로 호두의 지방 성분은 피부 염증을 막고 가라앉히는 효과가 있다. 지역의 호두 음식으로는 김천의 호두기름나물무침, 약주이자 미용을 위해 마신 충청도의 호두주, 호두와 잣·깨 등을 꿀에 재워 뜨거운 물을 부어 마신 겨울 건강음료인 봉수탕, 약초와 함께 호두즙에 말아 먹는 전라도의 호두국수, 채소 국물에 절여 오래 저장해두고 먹던 경북의 호두절임 등이 있다.

다양한 재래종 호두

문경 호두

산세가 험준한 문경에서 자란 호두는 알맹이가 작고 껍질이 두꺼워 쇠호두라고 부른다. 알은 작지만 호두 속살이 잘 분리되는 것이 특징. 떫은 첫맛과 달리 뒷맛이 우유처럼 깊고 진하다. 페스토나 스프레드, 음료의 재료로 추천한다.

천안 호두

천안 광덕산은 사질 토양으로 물 빠짐이 좋고, 호두를 재배하기에 적합한 환경을 갖추고 있다. 호두 전래지로 유명한 이곳에서 자란 호두는 겉껍질과 속살의 색이 밝은 편이다. 단맛과 고소한 맛, 떫은맛 등 어느 하나 특별히 드러나지 않고 식감이 부드럽다. 호두죽과 호두밥으로 만들면 좋다.

김천 호두

김천은 전국 호두 생산량 1위를 차지한다. 골짜기가 깊어 낮과 밤의 기온차가 큰 덕에 이곳에서 자란 호두는 병충해에 강하며 알이 굵다. 호두 특유의 떫은맛이 적고, 단맛과 고소함이 만들어내는 균형감이 좋다. 살짝 구워 곶감과 함께 먹으면 맛 궁합이 일품이며, 정과로 활용해도 괜찮다.

무풍(무주) 호두

해발 400~600m의 고랭지에서 자란 무풍 호두는 알이 크고 단단한 편이다. 호두 알맹이를 반으로 잘라보면 미끈거릴 정도로 기름기가 풍부해 고소한 풍미가 매우 좋다. 잘게 부수거나 익혀 으깨어 호두 시럽, 소스, 기름 등으로 만든다.

인제 가래

추운 중북부 지역에서 자생하는 가래나무는 '추자'라 부르는 우리나라 토종 나무다. 예부터 식용보다는 기름으로 짜서 부스럼을 치료하는 약재로 사용해왔다. 특유의 향미와 식감이 독특하며 살짝 쓴맛이 나는 편. 기름으로 짜거나 견과 버터를 만들면 여러모로 사용하기 좋다.

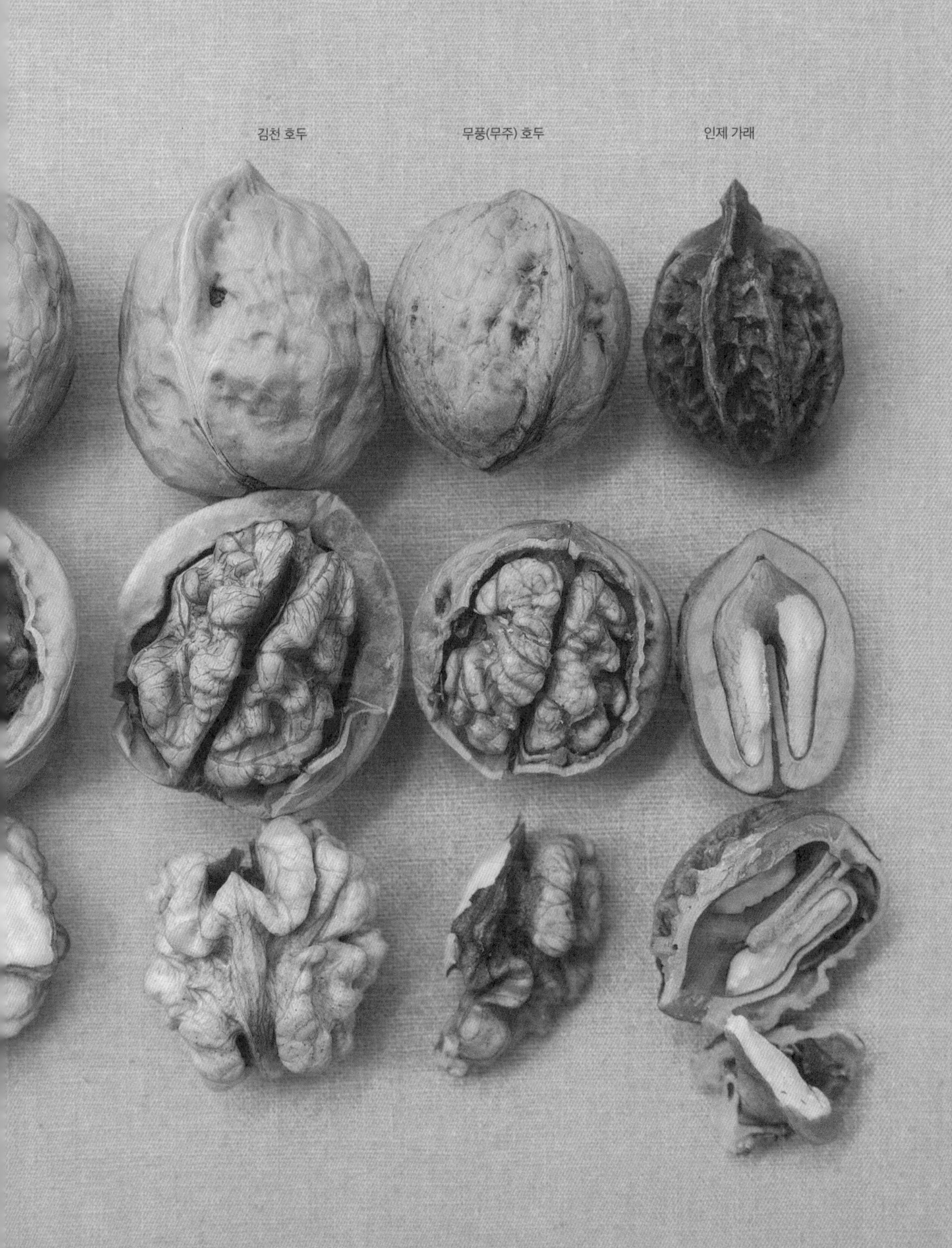
김천 호두
무풍(무주) 호두
인제 가래

100년 된 호두나무 씨앗을 거머쥔
김천 김현인 농부 가족

경북 김천, 충북 영동, 전북 무주가 만나는 지점에 우뚝 솟은 삼도봉(三道峰). 그 아래 자리한 김천 해인리는 3개 도의 말씨가 섞여 거친 듯 부드러운 사투리를 구사하는 이들이 사는 곳이요, 전국에서 제일가는 오일장과 쇠장이 섰던 곳이다. 예부터 드나드는 사람이 많아 북적거린 이곳에 명물이 하나 있었으니 바로 지천으로 널린 호두나무였다. 이를 증명이라도 하듯 김천은 전국 호두 생산량의 30%를 차지한다. 한국인의 연간 호두 소비량은 1400톤에 달하지만, 국내 호두 생산량은 절반에도 못 미친다. 국내산 호두를 구하기 어려워 중국에서 호두를 수입해오는 경우도 많다. 여전히 귀한 작물일 수밖에 없는 호두는 이 마을 사람들의 소득을 높여주는 수단으로 자리 잡았다.

이곳에서 태어나 호두 농사를 짓고 있는 김대진·김현인 부자에게 호두나무는 돈(錢) 나무나 다름없었을 것이다. 집 앞 100년이 훌쩍 넘은 호두나무의 씨를 받아 묘목을 키우면서 지금의 호두 농장을 일궜다. 청피라 불리는 녹색 외과피에 둘러싸인 호두는 언뜻 보면 매실처럼 생겼다. 제철인 9월이 되면 밤송이처럼 툭툭 터지면서 내과피인 갈색 호두알이 나온다. 김현인 농부의 어린 시절도 이 녹색 열매와 함께했다.

"비가 오고 바람이 세게 불면 나무 아래 호두가 수북이 떨어져 있었어요. 호두값이 제법 비싸 먼저 줍는 사람이 임자였죠. 덜 여문 청피를 돌에 갈아 동네 구멍가게에 갖고 가서 화약총으로 바꾸곤 했어요. 호두알로 구슬치기도 했고요. 작은 마을에서 유일하게 용돈 벌이를 할 수 있는 일이라 호두 떨어지는 소리만 나면 밖으로 뛰쳐나가곤 했죠."

50년 전까지만 해도 영동의 호두 상인들이 찾아와 호두란 호두는 죄다 쓸어갔단다. 호두의 고소한 맛은 지금도 여전하다. 김현인 농부가 키운 호두는 '2017 대한민국 과일산업대전'의 대표 과일 선발 대회 호두 부문에서 우수상을 수상했다.

"김천 호두는 둥그스름하고 너부죽하게 생겼어요. 이 지역은 산이 높아 골짜기가 깊고, 호두나무 근처 부항천이 흘러 물이 넉넉해요. 우리 마을에서 키운 호두가 실한 이유이기도 하지요. 우리 호두를 먹어본 사람마다 예나 지금이나 고소한 맛이 그대로라고 하니 농사지을 힘이 나요."

4월 말쯤 나무에 순이 돋으면 5월부터 초록색 호두 열매가 맺힌다. 열

매가 3분의 2 정도 터지기 시작하면 장대로 수확하는데, 너무 이르게 수확하면 호두 특유의 비린내가 나고, 늦게 수확하면 외피색은 까맣고 속살은 노랗게 변한다. 수확하는 시기가 중요한 이유다. 열매는 3~5일 동안 숙성시켜 껍질을 깐 후 씻어 말려서 판매한다.

팔고 남은 호두는 밥상 위에 올라 김현인 농부 가족의 배를 든든하게 채워준다. 그의 어머니 오성자 씨는 시어머니에게 배워 지금까지 호두를 활용한 음식을 짓는단다.

"동네 사람들은 밭둑에도 호두나무를 심어 키웠고, 제사상에도 올렸습니다. 옛날에는 엄마 젖이 나오지 않으면 호두를 콩콩 찧어서 쌀을 함께 넣고 끓인 미음을 아기한테 먹이곤 했지요. 추운 겨울에 기침을 하면 남녀노소 누구나 호두 기름을 먹고요. 호두를 삶아 빻은 후 기름틀에 넣고 짜면 노랗고 투명한 기름이 흘러나와요. 한 숟가락 먹으면 금세 기침이 멎어요. 들깨 대신 빻은 호두를 넣어 미역국을 끓이고, 죽으로 만들어 먹기도 하고요. 정월 대보름에는 말린 나물에 호두 기름, 묵힌 조선간장을 넣고 조물조물 무쳐 먹지요."

가마솥에 쌀을 담고 그 위에 호두 알맹이가 담긴 면포를 올려 뜨거운 증기로 찌는 법제 과정을 거치면 호두의 떫은맛이 빠지고 고소한 맛이 살아난다.
이를 착유해 호두 기름을 만들어 약 대신 사용하고, 나물을 무쳤다.

호두밥과 호두죽, 호두 기름으로 무친 나물로 차린 김현인 농부 가족의 소박한 밥상.
증조할머니 이옥분 씨를 통해 어머니 오성자 씨에게 이어졌고, 다시 김현인 농부와 아내 김연화 씨에게 이어지고 있다.

경북 의성 최숙영 님의 호두장아찌

가을철에 수확한 호두를 1년 내내 먹을 수 있는 음식으로 절임만 한 것이 있을까. 건표고버섯과 건다시마, 마늘 등을 끓인 국물에 호두와 갖은양념을 넣어 절여서 먹는다. 집집마다 넣는 재료가 조금씩 다른데 쇠고기를 조려서 넣어 먹는 지역도 있다.

재료(700g)

깐 호두 1½컵, 소금물 5컵, 건표고버섯 2개, 건다시마 10×10cm 1장, 양파 ½개, 마늘 1쪽, 양조 간장 1컵, 조청(또는 올리고당) ½컵, 물 4컵, 참깨 약간

만들기

1 깐 호두는 소금물에 8시간 정도 담근 뒤 물기를 제거하고 마른 팬에 살짝 굽는다.

2 냄비에 건표고버섯, 건다시마, 양파, 마늘을 넣고 분량의 물을 부어 끓인다.

3 ②를 체에 밭쳐 걸러낸 뒤 냄비에 부어 양조간장과 조청을 넣고 센 불에서 한 번 더 끓인다.

4 유리병에 ③의 장아찌 국물과 호두를 넣어 밀봉한다. 먹을 때 참깨를 뿌린다.

경북 상주 허인숙 님의 호두곶감약밥

상주는 감이 많이 나는 지역이다. 겨울이 되면 말린 곶감과 호두를 듬뿍 넣어 만든 약밥을 별식으로 즐겼다고 한다. 단맛과 고소한 맛이 조화롭게 어우러지는 별미다.

재료(6인분)

찹쌀 5컵, 깐 호두 20알,
곶감 5개, 황설탕 1컵,
양조간장 4큰술,
참기름 5큰술,
계핏가루 ½작은술,
소금 약간, 물 3큰술

만들기

1 찹쌀은 깨끗이 씻어 6시간 이상 불린다.
2 깐 호두는 먹기 좋게 잘라 프라이팬에 넣어 살짝 볶는다.
3 곶감은 적당한 크기로 썬다.
4 볼에 황설탕과 물, 양조간장, 참기름, 계피가루, 소금을 넣고 고루 섞는다.
5 ①의 불린 찹쌀에 ④을 넣고 잘 섞이도록 버무린다.
6 전기 압력 밥솥에 ⑤를 담고 그 위에 깐 호두와 곶감을 고루 올린 후 백미 버튼을 눌러 익힌다.

전북 무주 김아현 님의 호두국수

콩국 대신 호두즙으로 만들어 먹는 국수로, 여름과 가을에 별식으로 즐겼다고 한다. 걸쭉하며 노르스름한 색을 띠는 호두즙은 담백한 맛과 고소한 풍미가 아주 좋다. 다진 호두를 고명처럼 올리면 맛이 한층 풍부해진다.

재료(3인분)

건칼국수 면 400g,
깐 호두 2 ½컵,
잣 3큰술,
통깨 2큰술,
소금 1작은술,
물 4컵

만들기

1 깐 호두는 소금물에 6시간 동안 담가 아린 맛을 제거한 뒤 체에 밭쳐 물기를 뺀다.

2 믹서에 깐 호두와 잣, 통깨, 분량의 물을 넣고 호두의 식감이 느껴질 정도로 성글게 간 뒤 소금으로 간한다.

3 칼국수 면을 삶아 찬물에 헹군 뒤 볼에 담는다. ②의 호두 국물을 붓는다.

경북 김천 김현인 님의 호두기름

호두의 속껍질은 떫은맛이 강해 약용으로 쓸 때는 반드시 법제(法製, 자연 상태의 식재료를 삶거나 쪄서 독성을 제거하는 과정)해 떫은맛과 독성을 제거해야 한다. 기름으로 짜면 투명하고, 참기름 못지 않게 고소한 맛이 입맛을 당긴다.

재료(500ml)

깐 호두 3kg, 쌀 1kg,
물 4L

만들기

1 가마솥에 쌀을 담고 분량의 물을 부은 뒤 호두를 담은 면포를 올려 30분 동안 팔팔 끓인다.

2 약한 불로 줄여 2시간 정도 더 끓인다.

3 면포에서 호두를 꺼내 건조기에 넣고 8시간 동안 말린다.

4 ①~③의 법제 과정을 세 번 반복해 호두의 불순물을 말끔히 제거한다.

5 법제가 끝난 호두는 착유기에 넣어 짠 뒤 그릇에 담는다.

6 48시간 후 체에 걸러 맑은 기름만 병에 담는다.

우리 호두로 차린 오늘의 식탁

고소한 호두는 동서양을 넘나드는 디저트로 활용하기 제격이다. 꿀에 호두와 잣을 재워 먹던 전통 음료인 봉수탕에 우유 거품을 풍성하게 내어 넣으면 색다른 라테가 된다. 냉장고에 살짝 얼려 셔벗처럼 먹는 것도 추천! 갓 구운 통호두빵은 겉은 촉촉하고 속은 부드럽다. 호두 알맹이를 통째로 넣어 씹는 식감도 한층 풍부하다.

봉수탕 라테

재료(2인분)

호두 2컵,
잣 1컵,
꿀 5컵,
우유 2컵

만들기

1 호두는 뜨거운 물에 불려 속껍질을 벗기고 곱게 다진 후 물기를 없앤다.

2 잣은 곱게 다진다.

3 밀폐 용기에 호두, 잣, 꿀을 넣어 한 달가량 절인다.

4 볼에 ③의 호두잣꿀절임(2큰술)과 우유를 넣고 거품기로 저어 거품을 풍성하게 낸 뒤 잔에 붓는다.

5 호두나 잣을 고명으로 올려도 좋다.

통호두빵

재료(2인분)

깐 호두 10알,
밀가루 100g,
우유 100ml,
설탕 2큰술,
녹인 버터 20g,
달걀 1개,
베이킹파우더 3g

만들기

1 볼에 밀가루와 우유, 설탕, 버터, 달걀, 베이킹파우더를 넣고 고루 섞는다.

2 호두과자 틀은 뜨겁게 달군 뒤 버터(분량 외 약간)를 바른다.

3 틀에 ①의 반죽을 붓고 깐 호두를 한 알씩 올려 노릇하게 굽는다.

통호두빵
봉수탕 라테

밥심의 뿌리
쌀

우리 민족은 5000년 전부터 이어온 벼농사 덕분에 살림을 일궜다. 쌀로 입과 배를 채우고, 남은 볏짚으로 초가집을 지었다. 집 안에는 자연스레 밥 짓는 부엌과 그릇, 수저가 생겨났다. 결국 쌀은 우리를 떠돌아다니던 삶에서 정착하는 삶으로 이끌었다.

무엇보다 산이 많고 평야가 부족한 한반도에서 우리 조상은 논농사를 가장 중요시했다. 좋은 품종을 선택해 정성껏 길렀고, 최대한 많은 볍씨를 이 땅에 퍼뜨려왔다. 1911년에 편찬한 《조선도품종일람》에 따르면 과거 한반도에서 자라던 토종 벼는 무려 1451종. 한반도 전역에서 각각의 지역·토양·기후 등에 따라 수백, 수천 년을 진화해왔다.

전남 진도에는 조생종 벼인 '이른 나락'이 있다. 추수 전에 제사를 지내거나, 늦은 벼가 혹여 병충해나 비 피해를 당할 것을 대비해 심는, 일종의 보험 같은 벼다. 이 벼는 이르게 수확할 수 있다는 이점 대신 일반 벼에 비해 윤기와 찰기가 떨어진다. 늦게 수확하는 만생종 벼는 기르는 데 손이 많이 가지만, 단맛과 쫄깃한 식감이 좋아 씹을수록 구수한 향과 여운이 남는 맛이 특징이다.

추운 지방에서 자라는 이북의 백경조가 주는 다글다글한 식감, 그리고 제주도의 밭벼 메산디의 부드러운 식감과 쌉싸름한 뒷맛…. 이처럼 우리가 먹는 흰밥 한 그릇 속엔 지역과 시기와 품종에 따라 수많은 맛의 변주가 일어나고 있다.

다양한 재래종 쌀
전북 녹토미
경남 흑저도
서울 백석
이북 백경조
이북 북흑조
제주도 메산디
강원도 녹두도

경북 강릉도
경기도 자광도
충북 조동지
전남 흑도
충남 버들벼

전북 녹토미(극만생종 메벼)

까락(벼, 보리 따위의 낟알 껍질에 붙은 깔끄러운 수염)이 짙은 자줏빛을 띠는 녹토미는 척박한 토지에서 잘 적응하며 병충해에 강하다. 찹쌀보다 찰기가 많고 단맛이 진하며 쌀알이 탄탄하고 쫄깃한 식감도 좋다. 현미밥으로 짓거나 삭혀서 만드는 식혜, 찜 요리 등에 어울린다.

경남 흑저도(조생종 메벼)

짧고 진한 자색 까락이 검은 돼지의 등을 연상시킨다 하여 흑저도로 불렀다. 키가 120cm 정도로 크고, 이삭 색이 전체적으로 검붉은색이다. 현미로 도정하면 메벼와 찰벼 중간 정도의 식감을 띠는데, 거칠고 야생적인 식감으로 향이 강하다. 누룽지로 만들어 먹는 것을 추천한다.

이북 북흑조(극만생종 메벼)

북방 지역의 강인한 풍모를 연상시킨다 하여 북흑조라 이름 붙였다. 평안남도에서 주로 재배한 재래종으로, 이삭이 검고 토종 벼 가운데 키가 가장 커 멀리서도 눈에 띈다. 줄기가 튼실해 쉽게 쓰러지지 않으며 까락이 없다. 향이 구수하고 씹을수록 단맛과 감칠맛이 난다.

강원도 녹두도(만생종 메벼)

남아 있는 토종 벼 중 가장 오래된 품종 중 하나다. 주로 강원도 고성군 간성과 강릉에서 주로 재배했으며, 까락은 황백색이고 이삭은 연한 녹두색을 띤다. 낟알이 작고 씹는 식감이 다소 거칠어 보리밥 같은 느낌이다. 구수한 맛이 좋아 흰쌀과 섞어 잡곡밥으로 지어 먹거나 리소토로 활용한다.

서울 백석(만생종 메벼)

경기도의 대표 재래종으로 큰 키에 희고 긴 까락과 낟알이 특징이다. '백석지기'라는 말처럼 수확량이 좋아 백석이라 불렀다. 쌀알이 살짝 날리는 느낌이 있지만 꼬들거리는 식감이 좋다. 수분을 잘 흡수해 국이나 찌개류와 같이 먹으면 맛있다.

이북 백경조(중만생종 메벼)

주로 평안북도 의주와 정주에서 재배했으며, 국제미작연구소에서 재도입한 재래종이다. 큰 키에 연한 황백색 까락이 달려 있고, 이삭 하나에 낟알이 150개가 달린다. 차갑게 식어도 향과 찰기, 윤기가 그대로 유지돼 찬물에 말거나 차밥으로 먹기 제격이다.

제주도 메산디(중만생종 메벼)

제주도에서 주로 밭에 심던 메벼로 큰 키에 까락이 길고 붉은빛이 돈다. 이삭 하나에 150여 개의 낟알이 달린다. 단맛과 고소한 맛, 쓴맛이 적절하게 어우러져 균형감이 좋다. 찰기도 적당히 있어 죽을 쑤어도 맛있다.

충북 조동지(중생종 메벼)

1896년 여주 금사면에 사는 조동식 농부가 발견해 널리 재배하게 됐다. 낟알이 커 일제강점기에는 장려 품종으로 선정되기도 했다. 중간 키에 까락이 긴 것과 없는 것 두 가지 품종이 있으며, 익을수록 황백색을 띤다. 7분도로 도정해 밥을 지어 먹으면 맛있다.

경기도 자광도(중만생종 메벼)

조선 인조 때 중국 지린성 남방 지역에 사신으로 간 이가 가져와 김포 지역에서 대대로 재배해온 품종이다. 까락이 짧고 진한 자색을 띠며, 현미로 도정하면 붉은 쌀알이 모습을 드러낸다. 밥을 지으면 쌀알이 푸석푸석하고 단맛이 다소 떨어진다. 잡곡용 쌀, 막걸리용으로 쓴다.

전남 흑도(중생종 메벼)

까락이 짧고 짙은 자색을 띤다. 이삭 전체가 검은 자색으로 수확철에 논의 풍경을 아름답게 물들인다. 이삭 하나에 약 130여 개의 낟알이 달리고, 제주도에서는 밭벼로도 재배했다. 보리밥처럼 윤기가 떨어져 백미와 섞어 지으면 좋다.

경북 강릉도(중생종 찰벼)

경북 포항시 영일과 경기도 안성 등 극히 일부 지역에서만 재배했고 키가 작은 편이다. 까락이 길고 이삭이 붉어 토종 벼 중에서도 겉모습이 수려하다는 평. 찰벼 중에서도 찰기가 매우 높고 쌀알이 쫀쫀하며 윤기가 흘러 떡으로 만들어 먹기 좋다.

충남 버들벼(중생종 메벼)

이삭이 능수버들처럼 길게 휘어진 탓에 붙은 이름이다. 까락이 길고 키도 130~150cm 안팎으로 크게 자란다. 이삭이 밝고 연한 노란색을 띠며 낟알은 작고 동글동글하며 단단하다. 씹을수록 쫀득하며 깊은 맛이 난다. 쌀알 하나하나 식감이 살아 있어 볶음밥에 사용하면 적당하다.

자연의 순리 대로 아버지의 볍씨를 지키는
완주 최운성 농부 가족

"우리 동네 이야기요? 완주군은 산세가 깊고 풍경이 참으로 아름다운 곳이에요. 넓고 평평한 땅이 부족해 산골짜기에 다랑논을 만들어 밭벼를 심고 살았습니다. 이곳 사람들은 자갈과 모래가 섞인 검은 땅을 개간해 벼농사에 유리한 땅으로 일궜어요. 지금 생각하면 참 대단하다 싶어요. 제 아버지도 그중 한 분으로 완주군에서 평생 쌀농사를 지었어요. 이름도 희한하고 모양도 신기한 온갖 벼를 다 기르셨대요. 할아버지 머리카락처럼 하얀 노인찰, 억척스럽게 키가 커서 이름 붙인 억척벼, 녹토미와 비슷하게 생긴 돼지찰벼도 있었다고 해요."

최운성 농부는 전북 완주에서 벼농사를 짓고 있다. 그의 아버지 최재훈 씨는 갖가지 귀한 볍씨란 볍씨는 다 모아둘 정도로 농사에 열정을 바친 이다. 그런데 8년 전 창고에 불이 나 대부분의 종자를 잃어버리고 말았다. 이제는 구할 수도 없는 씨앗을 안타까워만 하고 있을 수는 없는 노릇. 완주군 전 지역을 돌아다니고, 많은 농부를 만나며 옛 볍씨를 찾아내는 데 성공했다. 녹토미와 적토미, 월배찰 등 11가지 토종 볍씨를 소중히 간직하고 있다. 이런 이야기에서 목숨보다 씨앗을 소중히 여겼다는 농부의 마음이 고스란히 느껴진다. 현재 이 부자가 생산하는 주요 품종은 전라도에서 주로 재배해온 검붉은 까락을 띠는 녹토미(토종 쌀인 고대미 중 하나로 색상에 따라 적토미, 녹토미, 흑토미로 나뉜다)다.

녹토미는 일찍 심고 늦게 수확하는 극만생종 벼다. 최운성 농부는 4월 초순부터 본격적으로 녹토미 농사를 준비한다. 가랑잎과 도토리나무 잎사귀를 뜯어다 발로 밟아 쇠스랑으로 판 흙 위에 물과 함께 뿌린다. 번거롭더라도 잎을 발효시켜 퇴비로 활용하는 것은 농약을 일절 쓰지 않고 자연 순리대로 벼를 재배하려는 아버지의 신념이다. 잎이 자연적으로 발효되면 미생물이 가득한 땅 위로 물이 부글부글 올라온다. 그 후 6월 20일부터 모내기 작업을 한다. 대부분의 벼는 추석 전후로 수확하지만, 녹토미는 첫 서리를 맞고 나서야 추수를 시작한다.

몇 년 전부터 녹토미가 기능성 쌀로 알려져 건강을 위해 찾는 사람이 늘어났다. 실제로 녹토미 속에는 일반 쌀에는 없는 폴리페놀 성분이 풍부하게 함유돼 항암과 항산화 효과가 뛰어나다. 최운성 농부 역시 아플 때마다 아버지가 다양한 영양 성분이 든 녹토미 쌀가루로 쑤어준 죽을 먹

최재훈 농부의 입말한식은 어머니 임순옥 씨로부터 아내 이정순 씨에게 이어졌고, 현재는 아들 최운성 씨에게로 이어지고 있다.
그의 가족은 녹토미에 술지게미를 넣어 떡으로 쪄 먹거나 2년 이상 묵힌 김치를 냄비에 볶고 녹토미를 넣어 푹 끓여 만든 묵은지죽을 즐겨 먹었다.

고 자랐다. 이제 그는 나이 든 아버지를 모시며 아버지의 볍씨를 지킨다. 최재훈 씨 역시 자신이 먹고 자란 쌀 맛에 대한 기억만큼은 뚜렷하다.

"설날은 1년 중 유일하게 흰쌀밥을 지어 푸짐하게 먹는 날이었습니다. 어르신들이 흰쌀밥만 먹으면 신이 노한다고 해서 좁쌀과 보리를 조금씩 섞어서 먹곤 했지요. 귀한 쌀을 그렇게 함부로 많이 먹으면 죄짓는 거라고 하더군요. 집에서 빚은 술을 가양주라고 하잖아요. 저희 어머니는 쌀로 막걸리를 아주 잘 만드셨어요. 뽀얗고 시큼한 막걸리를 빚고 남은 술지게미는 아껴두었다 떡으로 만들어 먹곤 했지요. 집안의 연례행사나 다름없었는데, 제가 일곱 살 때쯤 주조법에 걸려 쌀 열 가마니를 벌금으로 낸 이후로는 술지게미떡을 오랫동안 못 먹었네요. 또 배탈이 나면 어머니가 쌀에 부추를 넣고 푹 끓여주셨는데, 그게 먹고 싶어 배가 아팠으면 좋겠다고 생각한 적도 있어요. 그 맛이 기억나 아픈 아들을 위해 저도 끓여주곤 했네요."

모내기밥

나물밥

전북 완주 유청채 님의 모내기밥

모내기 철에는 도시락처럼 간단히 먹을 수 있는 새참을 준비해 품앗이하러 온 이웃에게 대접하는 문화가 있었다. 밥을 지어 구운 생선과 나물, 상추쌈, 김치 등을 곁들여 먹었다.

재료(1인분)

적토미 1컵, 제철 생선 1마리, 장아찌 1큰술, 파김치 약간, 상추 3장, 된장 1작은술, 젓갈 1큰술, 식용유 약간, 물 1컵

만들기

1 적토미는 깨끗이 씻어 뜨거운 물에 30분~1시간 정도 불린다.

2 냄비에 적토미와 분량의 물을 담고 센 불에 올려 끓기 시작하면 중간 불로 줄여 10분 정도 끓인다. 불을 끄고 5~10분 정도 뜸 들인다.

3 팬에 식용유를 두르고 생선을 올려 앞뒤가 노릇하게 굽는다.

4 넓은 볼에 ②의 밥을 담고 구운 생선, 장아찌, 파김치, 상추, 된장, 젓갈을 올린다.

강원도 영월 방순애 님의 나물밥

녹두도는 보리처럼 식감이 거칠지만 구수한 향미가 빼어나다. 강원도의 대표 나물 곤드레나물을 얹어 밥을 지으면 곤드레 특유의 향이 밥알에 배어 입맛을 돋우는 데 최고였다고 한다.

재료(1인분)

녹두도 1컵, 곤드레나물 150g, 들기름 1큰술, 소금 약간, 물 1⅓컵

만들기

1 녹두도는 깨끗이 씻어 뜨거운 물에 30분~1시간 정도 불린다.

2 곤드레나물은 뜨거운 물에 삶아 물기를 빼고 5cm 크기로 썬 뒤 볼에 담고 들기름과 소금을 넣어 조물조물 무친다.

3 냄비에 녹두도와 분량의 물을 담고 센 불에 올려 끓기 시작하면 중간 불로 줄여 10분 정도 끓인다. 불을 끄고 5~10분 정도 뜸 들인다.

4 밥 위에 곤드레나물을 올려 10분 정도 더 뜸 들인다.

헛제삿밥

스슥밥

경북 안동 이현지 님의 헛제삿밥

헛제사밥은 제사를 지내고 먹는 밥이긴 하나, 양반이나 유생이 흰 쌀밥이 먹고 싶을 때 사람들 눈치가 보이면 일부러 제사(헛제사)를 지내고 먹어서 헛제삿밥이라 부른다.

재료(2인분)

강릉도 2컵, 불린 고사리 200g, 시금치 100g, 콩나물 100g, 깐 도라지 100g, 애호박 100g, 무 50g, 간장 2작은술, 참기름 3작은술, 식용유 2작은술, 깨소금 1작은술, 물 3큰술, 소금 약간, 물(밥용 2컵+무나물용 3큰술)

간장 양념 국간장 1큰술, 참기름 1작은술, 깨소금 1큰술

만들기

1 냄비에 불린 강릉도와 분량의 물을 담고 센 불에 올려 끓기 시작하면 중간 불로 줄여 10분간 더 끓인다. 불을 끄고 10분 정도 뜸 들인다.

2 불린 고사리와 시금치, 콩나물, 깐 도라지, 애호박, 무는 흐르는 물에 씻은 뒤 물기를 뺀다.

3 고사리는 팬에 식용유(1작은술), 간장(1작은술)을 넣고 볶는다. 시금치는 끓는 물에 살짝 데쳐 간장(1작은술), 깨소금으로 간한다.

4 콩나물은 끓는 물에 살짝 데쳐 소금, 참기름(1작은술)을 넣어 무친다. 도라지는 가늘게 찢어 5cm 길이로 자르고 참기름(1작은술)을 두른 팬에 소금으로 간해 볶는다.

5 무는 채 썰어 참기름(1작은술)을 넣고 볶다 분량의 물을 넣고 익힌다. 애호박은 돌려 깎아 채 썰어 식용유(1작은술)를 두른 팬에 볶은 뒤 소금으로 간한다.

6 그릇에 밥과 고사리, 시금치, 콩나물, 도라지, 무, 애호박을 올리고 간장 양념을 뿌린다.

충남 아산 이화선 님의 스슥밥

아산에서 주로 재배하던 버들벼와 조를 함께 넣어 지은 밥이 스슥밥이다. 식감이 까칠하면서도 맛이 구수한 충청도식 밥이다.

재료(1인분)

버들벼 1컵, 조 2큰술, 물 1⅓ 컵

만들기

1 버들벼는 깨끗이 씻어 뜨거운 물에 30분~1시간 정도 불리고, 조는 씻어 건진다.

2 냄비에 버들벼와 분량의 물을 담고 센 불에 올려 끓기 시작하면 조를 얹는다. 중간 불로 줄여 10분 더 끓인 후 5분 정도 뜸 들인다.

국밥
겡이죽

서울 한희동 님의 국밥

백석은 고슬고슬한 식감이 좋고 수분을 잘 흡수해 국밥으로 제격이다. 알이 여물어 미리 뜨거운 물에 30분 정도 불려두었다 밥을 지어야 소화가 잘된다.

재료(1인분)

백석 1컵, 사골뼈 3kg, 돼지고기 2kg, 후춧가루 1작은술, 물(밥용 1¼컵+국용 3.5L), 젓갈(또는 양념) 1큰술, 부추 50g

만들기

1 백석은 뜨거운 물에 30분 정도 불린다.

2 냄비에 백석과 분량의 물을 담고 센 불에 올려 끓기 시작하면 중간 불로 줄여 10분간 더 끓인다. 불을 끄고 5~10분 정도 뜸 들인다.

3 냄비에 물과 사골뼈, 돼지고기, 후춧가루를 넣고 10분 정도 끓인 후 물만 따라버린다.

4 냄비에 분량의 물, ③의 사골뼈와 돼지고기를 넣고 팔팔 끓인 뒤 약한 불에서 오랫동안 끓인다.

5 볼에 ④의 국을 담고 ②의 밥을 만다.

6 ④의 돼지고기를 적당한 크기로 잘라 고명으로 올리고, 젓갈과 부추를 얹는다.

제주 해녀 천숙자 님의 겡이죽

바닷가에 서식하는 작은 방게(겡이)를 갈아서 메산디와 함께 끓여 먹는 죽으로 해녀의 보양식이었다. 메산디에 찰기가 있어 오래 끓여도 퍼지지 않고, 방게를 통째로 간 뒤 즙을 내어 건강에도 이로운 음식이다.

재료(2인분)

메산디 1컵, 방게 200g, 소금 1작은술, 물 6컵

만들기

1 메산디는 깨끗이 씻어 물에 30분 이상 불린다.

2 방게는 깨끗이 씻어 손질한 뒤 믹서에 곱게 간다.

3 ②를 고운체에 걸러 즙만 받는다.

4 냄비에 메산디와 방게즙, 분량의 물을 담고 저어가며 끓인다. 소금으로 간한다.

누룽지
오곡밥

경남 합천 옥수경 님의 누룽지

쌀이 귀하던 시절에는 가마솥에 눌어붙은 구수한 누룽지를 즐겨 먹었다. 따뜻한 숭늉 국물은 밥 먹은 뒤 농부들의 속을 따뜻하게 달래주는 역할을 했다.

재료(1인분)

흑저도 찬밥 1컵, 된장 약간, 물 5컵

만들기

1 팬에 흑도저 밥을 올려 꾹꾹 눌러 펼친다.

2 약한 불에서 노릇하게 굽는다.

3 냄비에 분량의 물과 ②를 넣고 팔팔 끓인 뒤 된장으로 간한다.

전남 진도 문부자 님의 오곡밥

흑도는 수분이 적고 윤기가 떨어지기 때문에, 흑도와 다양한 곡물을 섞어 향미와 영양 성분을 보완했다고 한다.

재료(3~4인분)

흑도 1 ½컵, 차조 ⅓컵, 기장 ⅓컵, 수수 ⅓컵, 팥 ⅓컵, 콩 ⅓컵, 소금 ⅓작은술, 물 3½컵

만들기

1 흑도와 차조, 기장, 수수는 깨끗이 씻어 따뜻한 물에 1시간 정도 불린다.

2 팥과 콩은 8시간 정도 물에 담가둔다.

3 냄비에 팥과 물을 담고 삶아 첫물은 버리고, 분량의 물을 부어 10분 정도 삶은 뒤 소금으로 간한다.

4 냄비에 ①과 ③의 팥, 불린 콩을 담고 센 불에 올려 끓기 시작하면 중간 불로 줄여 15분 더 끓인다. 불을 끄고 10분 정도 뜸 들인다.

술지게미보쌈

술지게미장아찌

충남 아산 정년옥 님의 술지게미보쌈

술지게미에 돼지고기를 1~2시간 정도 절이면 효소 작용으로 고기의 잡내를 없애주고, 육질을 부드럽게 만들어준다. 이를 연잎에 싸서 찌면 향긋한 향이 감도는 수육이 완성된다.

재료(2~3인분)

보쌈용 목살 600g,
술지게미 300g, 된장 3큰술,
다진 마늘 3쪽분,
다진 생강 1작은술, 연잎 2장

만들기

1 볼에 술지게미와 된장, 다진 마늘, 다진 생강을 담고 잘 섞는다.

2 목살은 크게 두 덩이로 자르고 ①에 넣은 뒤 랩을 씌워 냉장고에 1~2시간 둔다.

3 목살을 꺼내 깨끗이 씻어 물기를 제거한 뒤 연잎으로 싸서 묶는다.

4 찜기에 젖은 수건을 깔고 ③을 넣은 후 센 불에 올려 30~40분 동안 찐다.

전북 군산 추성천 님의 술지게미장아찌

예부터 쌀로 술을 빚고 남은 술지게미는 장아찌를 담는 데 활용했다. 울외(참외과에 속하는 덩굴식물)나 참외, 무 등을 술지게미 속에 넣어 숙성시키면 시큼한 맛과 아삭한 식감이 잘 어우러진다.

재료(3kg)

울외 10개, 술지게미 12kg,
설탕 1½컵, 청주 ⅓컵,
소금 2컵
양념장 고춧가루 1큰술,
참깨 1작은술,
다진 마늘 1큰술,
참기름 1큰술

만들기

1 울외는 깨끗이 씻어 씨를 빼고 밀폐 용기에 담아 소금을 뿌려 하루 정도 절인다.

2 볼에 술지게미와 설탕, 청주를 담고 섞은 뒤 ①의 용기에 넣어 구석구석 채운다.

3 항아리에 울외를 차곡차곡 담은 뒤 돌을 올리고 뚜껑을 덮는다. 상온에 20일 정도 둔다.

4 고춧가루와 참깨, 다진 마늘, 참기름을 섞어 양념장을 만든다.

5 ③에서 울외 장아찌 1개를 꺼내 깨끗이 씻고 먹기 좋은 크기로 자른 뒤 ④의 양념장을 넣어 버무린다.

충남 예산 손영희 님의 생떡국떡

순백색의 떡은 복을 기원하는 자리에 빠지지 않았다. 우리 민족은 새로운 해를 맞이할 때마다 멥쌀을 반죽해서 떼어낸 생떡을 엽전 모양으로 썰어 떡국으로 끓이곤 했다. 자광도 현미와 조동지 백미로 만든 생떡은 쌀 특유의 향이 좋고 맛이 구수하다.

재료(4인용)

자광도 쌀가루 2컵,
조동지 쌀가루 2컵,
소금 1큰술, 뜨거운 물 ¾컵

만들기

1 2개의 볼에 자광도와 조동지 쌀가루를 각각 담고 소금(1큰술)과 뜨거운 물(¾컵)을 나눠 넣고 반죽한다.

2 ①을 쫀득거릴 정도로 충분히 치댄 후 각각 길게 가래떡 모양으로 빚는다.

우리 쌀로 차린 오늘의 식탁

전라도 입말 음식인 보리 식혜를 오늘에 맞게 만들었다. 보리와 식감이 비슷한 흑도로 식혜를 만들고 바닐라 아이스크림을 넣고 만든 크림을 올려 셰이크로 즐겨보자. 멥쌀가루에 막걸리를 넣고 찐 기정떡 위에 커피 시럽이나 차를 부어 티라미수처럼 즐겨도 좋다.

흑도 식혜 셰이크

재료(2인분)

흑도 밥 3공기, 엿기름가루 1컵, 누룩 ½컵, 설탕 2컵, 바닐라 아이스크림 1컵, 물 15컵

만들기

1 엿기름 가루에 분량의 물을 붓고 주무른 뒤 체에 밭쳐 손으로 비벼가며 엿기름물을 내린다.

2 엿기름물을 가라앉힌 다음 윗물만 따라놓는다.

3 흑도 밥에 누룩을 넣고 여러 번 치댄 뒤 엿기름물을 붓고 고루 섞는다.

4 50~60℃에서 하룻밤 삭힌 후 밥알이 동동 뜨면 체에 걸러 설탕을 넣고 끓인다.

5 식혀서 냉동실에 얼린다.

6 믹서에 바닐라 아이스크림과 얼린 흑도 식혜(1컵)를 넣고 간다.

7 유리컵에 살얼음 상태의 흑도 식혜(½컵)를 넣고 그 위에 ⑥의 셰이크를 모양 잡아 올린다.

기정떡 티라미수

재료(2~3인용)

기정떡(두께 5cm 지름 10cm) 1개, 설탕 2큰술, 달걀 노른자 1개, 마스카포네 치즈 160g, 생크림 160g, 코코아 파우더 1큰술, 잣 4알 **시럽** 물 100ml, 에스프레소 커피 1큰술, 설탕 1큰술

만들기

1 기정떡은 볼이나 유리잔 크기에 맞춰 잘라 담는다.

2 볼에 설탕(1큰술), 달걀노른자를 넣고 젓는다.

3 볼에 마스카르포네 치즈와 ②, 생크림을 넣고 되직해질 때까지 거품기로 젓는다.

4 또다른 볼에 물과 에스프레소, 남은 설탕을 넣고 저어 시럽을 만든다.

5 ①의 떡 위에 ④의 시럽을 촉촉하게 부은 후 ③을 올린다.

6 코코아 파우더를 뿌리고 잣을 고명으로 올린다.

흑도 식혜 셰이크

기정떡 티라미수

살고 죽는 일에 늘 함께한
팥

《한국토종작물자원도감》의 저자 안완식 박사에 따르면 한반도에는 오래전부터 다양한 팥이 존재했고, 현재 재배하고 있는 토종 팥은 대략 50종에 이른다고 한다. 생김새에 따라 묵팥·앵두팥·개미팥, 여무는 시기에 따라 시월팥·유월팥, 지역에 따라 강원 적두·진천 그루팥·옥천 흑두 등 부르는 이름도 맛도 제각각이다.

종류도 다양하고, 특색도 뚜렷하다 보니 그 고유한 맛을 잊지 못해 팥 씨앗을 지켜온 이 땅의 농부가 참으로 많다. 충남 아산에서 만난 이화선 농부는 “쉰나리팥으로 지은 걸쭉하고 진한 팥죽이 좋아서 여태껏 키워왔다”라고 했다. 강원도 횡성의 강기순 농부는 “옥수수팥죽과 팥부침에는 가래팥을 써야 맛이 좋다”며 오랫동안 가래팥을 심어왔다고 전했다. 전남 진도의 문성자 농부는 앵두팥으로 해 먹는 오곡밥이 색도 곱고 부드럽다며 매년 앵두팥을 심어 수확한다.

팥을 요리하는 방법도 지역마다 얼마나 다양한지 모른다. 팥죽 하나만 봐도 충분히 알 수 있다. 수수 옹심이나 감자 옹심이를 띄우는 강원도 팥죽, 통팥과 멥쌀을 함께 넣어 푹 끓이는 제주도 팥죽, 설탕을 뿌려 달게 먹는 전라도 팥칼국수, 새알을 작게 빚고 삶은 팥을 곱게 내려 만드는 경상도 팥죽 등이 그것. 게다가 한국인에게 팥이 지닌 의미는 밥상을 풍요롭게 채워주던 식재료 이상이다. 태어난 날을 기뻐하며 오래오래 살라는 소망을 담아 팥밥을 지었고, 죽은 자와 산 자 모두를 위로하기 위해 상갓집에 팥죽 한 그릇을 보내기도 했다. 붉은팥이 지닌 따뜻한 양의 기운이 음의 기운을 쫓는다 하여 방과 장독대, 헛간 등 집 안 곳곳에 팥죽을 두거나 뿌렸다. 붉은 외피와 대비되는 흰 알맹이처럼 팥은 죽음과 삶 속에 빠지지 않고 등장하던 곡식이었다.

오십일팥
까치팥
흰팥
재팥
가래팥
붉은팥(구팥)
흰예팥
붉은예팥
녹두팥
토종팥

다양한 재래종 팥

오십일팥

50일 만에 익는다는 뜻이 담긴 오십일팥은 조생종으로 수확 시기가 확연히 이르다. 충청도와 전라도에서 많이 심으며 지역에 따라 쉰나리팥, 쉰날거리팥, 쉬나리팥 등 다양한 이름으로 부른다. 농부들이 공통적으로 이야기하는 오십일팥의 맛은 강한 단맛이 특징이다. 단팥죽, 팥소, 양갱, 디저트류 등으로 추천한다.

까치팥

개구리팥, 재롱팥, 갈가마귀팥이라고도 부른다. 검은 바탕에 흰색이 알록달록 무늬진 모양 때문에 붙은 이름이다. 경기 남부 등지에서 많이 심어왔으며, 붉은팥보다 쓴맛이 적고 당도가 꽤 높은 편. 탱글탱글하게 씹히는 식감이 좋아 팥빙수나 팥 음료로 활용한다.

재팥

흰 바탕에 검은 잿빛 반점이 있어 재팥으로 불렀다. 농부들의 한결같은 이야기에 따르면 붉은색 팥보다 값은 싸지만 맛이 좋아 집에서 먹으려고 심던 팥이라 한다. 끓이면 검붉은색으로 변하는 것이 특징. 고유의 감칠맛이 강하고 찰기가 높아 페이스트, 잼 등으로 조리하면 좋다.

흰팥

옛날에는 귀하고 맛 좋은 식재료 앞에 '돼지'라는 이름을 붙였는데, 흰팥은 유난히 달고 맛이 좋아 돼지팥이라고도 불렀다. 충남과 경기도 지역에서 많이 심어왔다. 붉은색을 쓰지 않는 제사상에 주로 올렸다. 붉은팥보다 만들기 쉬워 하얀색 소를 써야 하는 음식에 요긴하다.

가래팥

주로 조밭 사이사이에 심는 종이다. 연분홍색 팥 위에 잿빛이 흩뿌려진 모양이지만, 삶으면 옅은 팥색으로 변한다. 강원도, 경기도 지역에서 많이 심으며 수확량이 많아 농부들에게 인기가 좋다. 분이 잘 나고 단맛과 찰기, 향미의 균형이 조화롭다. 팥알 그대로 씹었을 때 식감이 좋아 통팥소나 통팥빵 등 통팥으로 조리하는 음식에 제격이다.

붉은팥

우리나라에서 가장 많이 재배하고 소비하는 팥으로 적두, 소적두라고도 한다. 붉은팥은 토종 구팥과 개량종 신팥으로 구분하는데 신팥은 크기가 좀 더 크며 빛깔이 붉고, 구팥은 낱알이 작고 검붉으며 단단하고 윤기가 도는 것이 특징이다. 당도와 찰기가 높아 떡, 빵, 팥찰밥 등에 제격이다.

붉은예팥과 흰예팥

경상도와 충청도 일대에서 주로 심었다. 약팥, 이팥, 외팥이라고도 부른다. 다른 팥에 비해 모양이 길쭉하며 크기는 절반 정도로 작고 딱딱하다. 부기를 빼주는 효과와 항산화 성분이 많아 약용으로 많이 쓴다. 떫은맛이 강해 밥으로 지을 때는 한 번 삶아서 써야 한다. 차로 마실 때는 볶아서 우리거나, 꿀에 재워 물에 희석한다.

녹두팥

연녹색 알갱이가 녹두처럼 생겼다 해서 녹두팥으로 불렀다. 전라도, 제주도, 충청도 지역에서 심어온 녹두팥은 겉은 녹색이지만 삶으면 짙은 분홍색을 띤다. 그리 달지 않은 팥으로, 담백하고 구수한 맛이 뛰어나다. 단맛이 부담스러운 사람은 팥죽으로 쑤어 먹으면 좋다. 샐러드, 페스토, 육류 요리에 곁들이는 음식으로도 추천한다.

집안의 보물, 달콤한 팥 맛을 지키는
예천 이병달 농부 가족

"이 팥을 왜 여태껏 키워왔냐고요? 우리 아들네, 손주, 그리고 그 손주의 자식들까지 먹이려고 하는 거지, 딴것 없습니다."
이병달 농부의 아버지 이홍인 농부가 팥 농사를 지은 것은 전통 가업을 지켜야 한다거나, 종자를 보존해야 한다는 무거운 사명감 때문이 아니다. 직접 먹고 자라온 팥 맛에 이끌려 4대를 이어왔다. 어머니 때부터 먹어온 팥 음식도 함께 이어가고 있다. "식재료가 사라지지 않으면 식문화가 사라지지 않는다"라고 말하던 어느 농부의 말을 이 팥밭에서 새삼 떠올려본다.
"소화리 동막골, 이곳에서 나고 자랐습니다. 이 동네는 너른 평야가 없고 작은 밭과 들이 많아서 옛날엔 밭들마을이라고 불렀어요. 산 중턱에 계단식으로 만든 밭은 물 빠짐이 좋아 주로 잡곡과 팥을 많이 심었죠. 7년 전에 고향으로 내려와 할아버지, 아버지 뒤를 이어 팥 농사를 짓고 있어요. 어릴 적 팥밭에서 아버지와의 추억이 참 많지요. 수확 철에 팥알이 덜 여문 꼬투리를 짚불에 올려 구워 먹으면 그렇게 맛있을 수가 없었어요. 삶은 것처럼 익으면서 단맛이 나고 고소한 맛도 나고…. 아버지는 늘 '씨앗은 절대 지우는 것 아니다'라고 말씀하셨지요. 저 역시 아버지의 이런 뜻을 존중해요."
이병달 농부가 아버지와 함께 키우고 있는 팥은 집안의 내림 팥인 붉은팥, 붉은예팥, 재팥까지 총 세 종류다. 그는 소비자를 직접 만나는 장터에 나가거나, 대형 마트 입점을 시도하며 국산 팥의 맛을 알려가고 있다. 집에서 해 먹어온 팥 음식법도 함께 나눈다.
"동글동글한 붉은팥은 신품종보다 크기가 작지만, 색이 훨씬 검붉고 단맛과 구수한 맛이 좋아 팥을 먹어본 어른들은 매년 사 드세요. 재팥은 분이 많이 나고 단맛이 좋아 떡고물로 많이들 해 먹고요. 예팥은 물에 넣고 달여서 팥물을 약처럼 마시던 약팥이에요. 더 많은 팥이 있지만 지금은 이 세 종류 팥만 주력하고 있어요."
이홍인·이병달 부자는 매년 6월이 되면 팥 농사를 준비한다. 먼저 땅의 힘을 기르기 위해 쇠똥을 밭에 뿌린다. 그다음 지난해 잘 갈무리해둔 팥을 30cm 간격으로 2~3알씩 심는다. 10월 중순 무렵부터 팥이 익으면 낫으로 베어 밭에 눕혀놓고 3~4일 정도 햇빛과 바람에 바짝 말린다. 팥

팥 칼국수

팥을 압력 밥솥에 삶아서 충분히 익혀준후

채방에 걸러서 걸러 내준다.

걸러낸 팥물은 큰 솥에 옮겨 담아준후 국수를

준비해준다. 팥물이 끓기 시작하면 국수를 넣어

충분히 끓여주게 되면 완성

율무 팥밥

팥과 율무를 4시간 정도 충분히 삶아준후

압력 밥솥에 율무2 : 팥1 : 찹쌀1 비율로 넣어준후

물을 일반 밥물 보다 조금더 잡아주어 밥을 하면 완성

팥물과 이팥차

이팥과 팥을 깨끗이 세척을 한후 후라이펜에 수분이

날라갈정도로 볶아주신후 물1리터 팥 20g을 넣어서 10분정도

끓여주신후 불을 꺼준뒤 충분히 우려주시면 팥물 완성

이홍인 농부가 어머니 변연희 씨에게 배운 음식을 다시 아들 이병달 씨가 이어받고 있다. 이병달 농부는 팥을 그냥 쓰기보다 볶아서 삶거나 찌는 경우가 많다. 특히 밥을 지을 땐 아린 맛을 제거하기 위해 팥을 두 번 끓여 쓰는데, 첫물은 버리고 두 번째 끓인 물은 따로 받아두었다가 차처럼 마신다. 팥칼국수의 경우 칼국수 반죽을 할 때 꼭 콩가루를 1:1로 섞고 소금 간을 약간 해야 맛이 좋다.

율무 팥밥
팥칼국수
이팥차

은 서리를 맞으면 쓴맛이 나기 때문에 서리 내리기 전에 모두 거두어야 한다. 그 후 잘 말린 팥대를 도리깨로 힘차게 내리친다. 팥꼬투리에서 팥과 함께 부산물도 함께 섞여 떨어지므로 키질로 부산물과 쭉정이를 날린 후 상판에 펼쳐놓고 나머지 부산물을 손으로 골라낸 후 판매한다. 이 지난한 과정을 4대가 이어오고 있는 힘은 과연 무엇일까? 예천 땅이 고집스레 지켜오려 했던 전통도, 그리고 그 땅에서 나고 자라온 이병달 농부와 그의 아버지도 '내 자식 입과 몸에 좋은 것을 채워주려 한 마음'으로 내림 씨앗을 물려받아 여기까지 이어온 게 아닐까.

"밑지고 먹고사는 게 농사입니다. 저야 농사지어서 먹고 나눠줄 줄만 알지 팔 줄을 몰라 아들이 고생을 많이 하고 있어요. 우리 집 팥으로 밥이든 죽이든 뭘 해 먹어도 그리 달고 구수할 수가 없어요. 또 팥잎도 많이 무쳐 먹어요. 가을 서리 맞기 전에 팥잎을 뜯어서 말린 후 콩가루에 무쳐 쪄 먹으면 쫀득하니 맛이 좋아요. 그리고 율무팥밥은 짓기 전에 팥을 꼭 볶아요. 그러곤 물을 붓고 푹 삶아서 팥만 건져 율무와 함께 밥을 짓고 남은 팥물은 물처럼 마셨지요. 집에서 늘 해 먹던 음식은 팥칼국수였고요."

아버지의 말처럼 이병달 농부의 추억 속에는 팥 음식이 가득하다. 아버지가 고아준 팥조청과 팥묵, 예팥차와 예팥꿀절임이 그것. "예팥을 삶아서 꿀에 재워 약처럼 먹거나, 솥에 달달 볶아서 물을 부어 푹 삶아 팥물만 걸러 차로 마신 기억이 납니다."

울릉도 감자팥죽
강원도 옥수수팥죽

울릉도 한귀숙 님의 감자팥죽

울릉도에서는 쌀농사가 어려워 찹쌀 대신 감자로 새알심을 빚어 팥죽에 넣었다. 감자로 빚은 새알심은 팥죽이 식어도 쫀득한 식감이 살아 있다.

재료(4인분)

재팥 3컵, 소금 2작은술,
물 20컵

감자새알심 반죽

중간 크기 감자 8개,
소금 1작은술

만들기

1 팥은 씻어서 냄비에 담고 팥이 잠길 정도로 물을 붓는다. 끓어오르면 물만 따라버려 팥의 아린 맛을 제거한다.

2 분량의 물을 다시 부어 팥이 부드럽게 씹힐 정도로 푹 삶는다.

3 감자는 껍질을 벗겨 강판에 간 후 면포에 담고 물기를 꼭 짠다. 이 물을 그대로 받아두어 전분이 가라앉으면 위의 맑은 물을 따라버리고 앙금만 쓴다.

4 앙금과 감자 건더기를 섞고 소금(1작은술)으로 간하여 새알심을 빚는다.

5 ②가 끓을 때 새알심을 넣고 중약불에서 끓이다가 15~20분 후 새알심이 익으면 불을 끄고 소금(2작은술)으로 간한다.

강원도 횡성 강기순 님의 옥수수팥죽

쌀밥이 귀하던 강원도에서는 깐 옥수수를 말려두었다가 초겨울에 팥알과 함께 죽을 쑤어 먹었다.

재료(4인분)

가래팥 3컵, 불린 옥수수알 2컵,
설탕 3큰술, 소금 1½큰술,
물 26컵

수수 새알심 반죽

수수 가루 3컵,
소금 2작은술,
뜨거운 물 ⅓컵

만들기

1 팥은 씻어서 냄비에 담고 팥이 잠길 정도로 물을 붓는다. 끓어오르면 물만 따라버려 팥의 아린 맛을 제거한다.

2 ①에 분량의 물을 다시 붓고 불린 옥수수알을 넣어 부드럽게 씹힐 정도로 삶는다.

3 수수 가루에 분량의 뜨거운 물을 붓고 소금을 넣어 익반죽한 뒤 동그랗게 새알심을 빚는다.

4 ②를 끓이다가 ③의 수수새알심을 넣어 15~20분 후 설탕과 소금으로 간한다.

경남 부산 정애순 님의 새알심팥죽

경상도 지방에서는 새알을 작게 빚어 팥죽에 넣는데, 이는 새알이 빨리 익고 많이 퍼지지 않도록 도와준다. 여기에 미나리와 무로 만든 나박김치를 곁들여 먹었다고 한다.

재료(4인분)

멥쌀 1 ½컵, 붉은팥 3컵, 소금 3작은술, 물 23컵

새알심 반죽 팥물 6큰술, 찹쌀가루 3컵, 생강즙 1큰술, 소금 2작은술

만들기

1 팥은 씻어서 냄비에 담고 팥이 잠길 정도로 물을 붓는다. 끓어오르면 물만 따라버려 팥의 아린 맛을 제거한다.

2 분량의 물을 다시 부어 팥알이 쉽게 으깨질 정도로 푹 삶은 후 체에 밭치고 팥 삶은 물은 따로 받는다.

3 팥은 뜨거울 때 방망이로 반 정도 으깬 후 고운체에 밭친다. ②의 팥 삶은 물을 부어가며 팥 껍질은 버리고 팥물을 받은 후 20분 정도 앙금을 가라앉힌다.

4 ③의 윗물만 따라낸다. 이때 윗물 중 6큰술은 멥쌀을 넣기 전에 따로 덜어낸 후 볼에 담고 찹쌀가루, 생강즙, 소금을 넣어 익반죽한 후 지름 1.5cm 크기의 새알심을 빚는다.

5 ③에 미리 불려둔 멥쌀을 넣고 아래가 눌어붙지 않도록 가끔 저어가며 죽을 쑨다.

6 멥쌀이 충분히 익으면 새알심을 넣는다. 새알심이 익어서 위로 떠오르면 소금 간한다.

제주도 팥죽

전라도 팥칼국수

제주도 진여원 님의 팥죽

제주도에선 사돈집이 상을 당하면 상갓집에 팥죽을 보냈다고 한다. 밤새 곡을 했을 사돈댁의 몸을 보하려는 마음과, 망자의 저승길에 잡귀를 물리치려는 마음을 담았다고 한다.

재료(4인분)

붉은팥 3컵, 멥쌀 3컵,
소금 4작은술, 물 26컵

만들기

1 팥은 씻어서 냄비에 담고 팥이 잠길 정도로 물을 붓는다. 끓어오르면 물만 따라버려 팥의 아린 맛을 제거한다.

2 분량의 물을 다시 붓고 팥을 삶는다.

3 팥이 반쯤 익었을 때 불린 멥쌀을 불려서 넣고 저어가며 끓인다.

4 팥과 쌀이 충분히 익으면 소금으로 간한다.

전북 군산 홍숙자 님의 팥칼국수

전라도에서는 쌀을 넣은 팥죽이 아닌, 콩가루와 밀가루로 반죽한 면을 넣은 팥칼국수를 즐겨 먹었다. 마지막에 꼭 설탕을 뿌려 고소하면서 달콤한 팥칼국수는 포만감을 주는 한 끼로 손색없었다.

재료(4인분)

오십일팥 3컵, 설탕 5큰술,
소금 1½큰술, 물 23컵
칼국수 면 반죽 밀가루 2컵,
생콩가루 1컵, 생강즙 1큰술,
소금 ½작은술, 물 1컵

만들기

1 팥은 씻어서 냄비에 담고 팥이 잠길 정도로 물을 붓는다. 끓어오르면 물만 따라버려 팥의 아린 맛을 제거한다.

2 분량의 물을 다시 부어 팥알이 으깨질 정도로 푹 삶은 후 체에 밭쳐 팥 삶은 물은 따로 받는다.

3 팥은 뜨거울 때 방망이로 반 정도 으깬 후 고운체에 밭친다. 팥 삶은 물을 부어가며 팥 껍질은 버리고 팥물을 받는다.

4 볼에 밀가루, 콩가루, 생강즙, 소금, 분량의 물을 담고 칼국수 면을 반죽한 뒤 0.3~0.5cm 너비로 썬 뒤 뜨거운 물에 삶아 건진다.

5 냄비에 ③의 팥물을 붓고 끓이다가 면을 넣고 설탕, 소금으로 간한다.

경북 예천 이병달 님의 팥잎나물

팥알이 여물기 전인 여름에 팥잎을 따다 쪄 먹는 경상도식 나물 무침. 팥잎에 콩가루를 묻혀 찐 다음 달착지근한 양념을 버무리면 쫀득하고 부드러운 맛이 난다.

재료(4인분)

팥잎 120g,
생콩가루 3큰술,
양념장 국간장 1½큰술,
다진 마늘 ⅔큰술,
깨소금 1작은술,
참기름 ½작은술

만들기

1 팥잎은 깨끗이 씻은 후 체에 밭쳐 물기를 뺀다.

2 넓은 그릇에 팥잎과 생콩가루를 넣어 버무린 뒤 김이 오른 찜기에 넣고 찐다.

3 볼에 국간장, 다진 마늘, 깨소금, 참기름을 넣고 섞어 양념장을 만든다.

4 찐 팥잎을 한 장씩 떼어 한 면에만 양념장을 바른다.

경북 안동 변은숙 님의 팥장

충청도에서는 가뭄이 들어 콩 수확이 어려우면 가뭄에 강한 팥으로 장을 담가 먹곤 했다. 팥장은 팥을 삶아 띄운 메주로 만들어 구수하고 담백한 맛이 일품이다. 팥장을 직접 담그기 어렵다면 충청도 홍성의 여러 농가를 통해 구입할 수 있다.

재료(10kg)

거피한 팥 7kg, 밀가루 4컵,
콩 메줏가루 3컵

메주 담그는 소금물

팥 메줏가루와 콩 메줏가루 섞은 무게의 40%에 해당하는 소금을 물에 타서 섞기
(물은 소금 1kg당 25컵 비율로 준비)

만들기

1 거피한 팥은 깨끗이 씻어 냄비에 담고 팥이 잠길 정도로 물을 붓는다. 끓어오르면 물만 따라 버려 팥의 아린 맛을 제거한다.

2 팥이 잠길 정도로 물을 다시 붓고 끓여 팥이 쉽게 으깨질 정도로 삶는다.

3 삶은 팥은 체에 밭쳐 물을 뺀 후 방망이로 빻는다.

4 빻은 팥에 밀가루를 섞은 뒤 이리저리 치댄다. 지름 10cm, 두께 5cm의 둥근 모양으로 빚은 후 중간을 꾹 눌러 도넛 모양의 메주를 빚는다. 팥은 수분이 많은 작물이라 말리기 쉽도록 메주를 둥글고 얇게 빚어야 한다.

5 따뜻한 방바닥에 짚을 깔고 ④를 얹어 한 번씩 뒤집어가며 말린다.

6 마른 메주는 겉면을 깨끗이 닦아내고 곱게 가루 낸 후 콩 메줏가루를 넣어 잘 섞는다.

7 메주 만드는 소금물을 탄 다음 ⑥을 섞어 항아리나 통에 담는다.

8 양지바른 곳에 두고 2~3개월 숙성시킨다.

우리 팥으로 차린 오늘의 식탁

통팥양갱은 제각기 맛이 다른 팥을 한입에 즐길 수 있는 음식이다. 찰기가 좋은 흰팥과 가래팥, 식감이 단단한 이팥 등을 삶아서 체게 곱게 내린 후 한천과 버무려 양갱으로 만들어보자. 오십일팥으로 만든 묽은 팥죽 위에 부드러운 우유 거품을 듬뿍 올린 팥푸치노는 옛맛에 오늘의 맛을 더한 음식이다.

팥푸치노

재료(4인분)

불린 오십일팥 1컵, 우유 500ml, 바닐라 스틱 1개, 꿀(또는 조청) 1½큰술, 계핏가루 1작은술, 잣 10알, 깐 호두 2알, 생강즙·소금·물 약간씩

만들기

1 냄비에 불린 팥을 담고 물을 부어 삶은 뒤 소금으로 간한다.

2 삶은 팥 중 절반은 체에 걸러 곱게 내리고, 나머지는 따로 둔다.

3 냄비에 우유와 바닐라 스틱, 생강즙을 넣고 끓인다.

4 ②의 체에 내린 팥을 잔에 담는다.

5 거품기를 사용해 ③에 거품을 낸 후 ④의 잔에 올린다.

6 꿀, 계핏가루, ②의 삶은 팥, 잘게 부순 잣과 호두를 올린다. 이때 계핏가루 대신 계피 스틱을 꽂아 완성해도 좋다.

통팥양갱

재료(4인분)

흰팥앙금 600g, 삶은 통팥(흰팥, 붉은이팥, 가래팥) 5큰술, 한천 가루 12g, 설탕 50g, 조청(또는 올리고당) 100g, 물 350g

만들기

1 오목한 그릇에 한천 가루와 물을 넣고 30분 정도 불린다.

2 냄비에 ①을 담아 약한 불에 올린 뒤 한천이 투명해질 때까지 주걱으로 저어가며 녹인다.

3 설탕을 넣고 완전히 녹으면 조청을 넣는다.

4 흰팥앙금을 넣고 5분 동안 잘 섞는다.

5 네모난 틀에 ④와 삶은 통팥을 넣고 고루 섞은 뒤 굳으면 먹기 좋은 크기로 자른다.

팥푸치노

통팥양갱

겨울을 이겨야 달고 뜨겁다

파

"

우리 조상은 봄이 시작하는 입춘에 보드라운 움파(베어낸 줄기에서 다시 자라 나온 파)를 썰어 상에 올리고, 겨울이 시작하는 입동엔 파를 듬뿍 썰어 넣은 김치를 담그며 겨울을 맞이했다. 예부터 파는 사계절 밥상에서 아주 중요한 먹을거리였다. 특히 파는 탕과 조림을 즐기는 한국인의 입맛에 향을 더해주고, 누린내나 비린내를 덜어주는 역할을 했다. 농업이 삶의 수단이던 시절에는 작게나마 파 농사를 짓는 집이 많았다. 마당 한편에 만든 텃밭에도 파를 심어 1년 내내 먹어왔다. 그러니 각 지역마다 파를 활용한 다양한 음식이 발전했을 것이다. 이는 오늘날까지 지역 농부들에 의해 전해지고 있다.

"

“

김해에서는 파를 쪄서 매운 양념장에 무쳐 나물로 먹었고, 아산에서는 고춧가루와 멸치젓에 절인 대파를 한 해 내내 먹으며 아삭하고 개운한 맛을 즐겼다. 겨울 대파는 불에 구우면 아주 맛있는데, 경남 진주에서는 주로 큼직하게 썬 대파를 기름에 지져 전으로 먹었다. 바다와 가까워 해산물이 풍부한 전남 진도는 생대파를 갈치젓에 찍어 막걸리 안주로 곁들였다. 이북에서는 파를 넣고 끓인 국물로 떡국을 만들어 설날을 맞이했다. 한 농가에서는 대파를 활용해 조청을 해 먹었다는 이야기도 전해진다. 겨울 파는 돼지기름이나 콩기름에 구우면 엉켜 있던 파의 섬유질 속에서 진이 나와 녹진하게 익으면서 단맛이 나는데, 그 맛이 어찌나 깊은지 인기가 꽤 많았다.

다양한 재래종 파

부산 명지대파

과거 염전이던 비옥한 토양과 따뜻한 해풍 덕분에 파 맛이 좋기로 유명하다. 이랑을 깊이 파고 괭이로 북을 높이 올리는 농사법이 발달해 연백부 부분이 길고 탄력이 있다. 잎 속에 수분과 진액이 풍부하며 단맛과 톡 쏘는 매운맛이 조화롭다. 명지동에서는 쇠고기파국밥과 파 무침, 재첩팟국을 주로 해 먹었다. 매운맛이 적당해 김치나 파전 등으로 요리한다.

제주 골파

골파는 토양의 물 빠짐이 좋고 기후가 서늘한 곳에서 잘 자라 현무암 지대인 제주도와 고랭지 지역인 전북 무주에서 주로 재배한다. 알뿌리가 굵고 자색이 살짝 감돌며, 잎은 비타민 C가 풍부하고 독특한 향이 난다. 매운맛이 덜해 파를 싫어하는 사람도 먹기 좋다. 골파의 부드러운 식감을 제대로 즐기려면 생으로 잘게 썰어 소스로 쓰거나 살짝 쪄서 숙회로 먹길 추천한다.

진도 조선파

집집마다 텃밭에 조금씩 길러 먹던 조선파는 지역마다 부르는 이름이 다른데, 경기도 화성에서는 황파, 전북 완주에서는 한로파라고 한다. 진도는 해양성기후로 여름에는 서늘하고, 겨울에는 따뜻해 파를 재배하기에 적합하다. 진도에서 자란 파는 키가 작고 뿌리가 둥글둥글하며, 파의 흰 부분인 연백부와 잎이 부드럽다. 아린 맛이 강해 탕이나 찜 요리에 활용한다.

보성 찰쪽파

득량만의 해풍을 맞고 황토에서 자란 보성 쪽파는 달고 차진 식감 덕에 찰쪽파라고 부른다. 다른 지역 쪽파보다 밑동이 둥글고 크며, 대는 얇지만 식감이 아삭하다. 알알한 매운맛 사이로 기분 좋은 떫은맛이 퍼져 나온다. 보성에서는 찰쪽파로 김치를 담그거나 꼬막을 넣어 전을 부친다. 생선과 함께 굽거나 튀김으로 먹어도 좋다.

소문난 명지대파 농사꾼, 부산 김영모 농부 부부

낙동강 하구 최남단의 섬, 명지도에는 조선 시대 질 좋은 소금을 생산하는 영남 제일의 염전이 있었다. 염전업이 점차 사양길을 걸으면서 일제강점기에 일본의 파 농장에서 일한 황수라는 농민이 들여온 '석창파' 종자가 이곳에 뿌리를 내렸다. 본래 파는 물에는 약하지만 모래가 많이 섞이고 소금기 있는 땅에서 잘 자라는데, 부산 강서구 명지동이 그 조건에 딱 들어맞았다. 소금기가 적당히 함유된 토양과 따뜻한 해양성기후, 온화한 해풍은 대파가 잘 자라는 환경이었다. 명지대파라는 고유명사가 생길 정도로 명지는 대파 생산지로 유명해져 한때는 전국 파 생산량의 절반 이상을 차지할 정도로 인기가 뜨거웠다.

그러나 매섭게 달려온 세월은 명지 파밭을 뒤엎었다. 2012년 명지국제신도시라는 이름으로 도시 개발을 시작하면서 아파트가 들어서기 시작한 것. 2013년 40만 평이 넘던 파밭이 현재는 그 절반도 채 안 된다. 몇 명 안 남은 명지대파 농부들마저 거제나 창녕으로 '파 이주민'이 되어 떠나지만 김영모 농부는 꿋꿋하게 명지대파 농사를 짓고 있다.

"파는 한로 전에 파종하면 그해 겨울에 자라나는 겨울 파, 한로 후에 파종하면 다음 해 봄에 자라나는 여름 파로 나뉩니다. 유난히 따뜻한 부산 명지, 전남 신안과 진도 등에서 자라는 파가 겨울 파에 속하죠. 그중 전국에서 제일 먼저 대파를 생산한 곳이 바로 명지동입니다."

명지동에서 나고 자란 김영모 농부는 어릴 때부터 파 농사를 익혀왔다. 열심히 하면 월급쟁이보다 낫지 않을까 싶어 묵힌 땅을 빌려 스물일곱 살 때부터 본격적으로 파 농사를 지었다. 이제 예순일곱 살이 되었으니 40년 가까이 이 땅에서 대파밭을 일궈 집을 짓고 자식도 키워온 그에게 명지대파는 생을 잘 살아왔다는 자부심이나 다름없을 터.

"이 지역은 낙동강 하구 남쪽 끝자락입니다. 오랜 세월 동안 강물이 토사를 실어가 넓은 평지가 만들어졌지요. 땅을 파면 돌 하나 없고 고운 모래만 가득해 파 농사를 짓기 좋습니다. 다른 작물은 활착(活捉, 식물이 땅에 뿌리를 내리는 것)을 못 해요. 바닷바람이 소금기를 몰고 오는데, 그 소금이 파 맛은 달게 하지만 다른 작물에는 맞지 않거든요. 그나마 심을 수 있는 것이 토마토와 수박 정도인데, 파처럼 사시사철 재배할 수도 없고요."

김영모 농부는 종묘상에서 석창파 씨앗을 구해 심는다. 꽃이 올라오면 씨를 따서 갑바천(천막천) 위에 펴 말리고 바싹 마르면 떤다. 갈아엎고 고르기를 네다섯 번 한 밭에 이랑을 만들어 그 씨를 뿌린다.

"명지대파를 보면 다른 파에 비해 연백부가 유난히 길어요. 바로 두둑을 높게 쌓는 독특한 재배 방식 때문이지요."

지금은 농기계가 두둑 쌓는 일을 대신하지만 18년 전만 해도 볼이 넓은 괭이를 이용해 흙을 퍼 올려 두둑을 만들었다. 찬 바람이 나고 파가 어느 정도 자라면 두둑을 반으로 나눠 한쪽은 왼쪽 두둑으로, 한쪽은 오른쪽 두둑으로 보내 파의 허리까지 올린다. 파가 흙 속에 파묻혀 자라야 대파가 잘 여물어 향이 깊고 단맛이 진해지며, 연백부도 길고 단단해진단다. 귀하게 키운 대파는 11월부터 수확해 이듬해 4월까지 판매한다. 정성을 쏟은 만큼 맛도 남다르다.

"추운 겨울에 대파는 따뜻한 해풍에 얼었다 녹았다 하면서 자라니 맛이 없을 수가 없습니다. 수확 철에는 그냥 뽑아 먹어도 맛이 좋아요. 겨울에는 불을 피워 생파를 구워 먹곤 해요. 수확하고 남은 흰 뿌리는 솥에 넣고 쪄서 고추장에 무쳐 먹기도 했어요. 그 맛이 들큰하니 맛있지요. 우리 동네에서는 국에도 무조건 파를 넣어요. 낙동강에서 잡아 끓인 재첩국에 파를 넣으면 속이 편안해 해장용으로 그만이에요. 쇠고기랑 숙주 넣고 끓인 고깃국에 파를 넣으면 보약이나 다름없습니다. 파를 찌고, 무치고, 삶는 등 온갖 방법으로 해 먹어요. 어느 집이든 무조건 상에 파가 올라가지요."

대파쇠고기뭇국과 대파전을 즐겨 먹은 김영모 농부의 입말한식. 아내 이분조 씨가 시어머니에게 배운 것이다.
지금은 진주로 시집간 큰딸 김명주 씨에게 이어지고 있다.

대파 쇠고기국 김영모

쇠고기 쑥주 대파를 준비 한다
요리 할때는 쇠고기를 솥에 볶아서
참기름에 볶아 물을 붓고 끓이는
과정에 쑥주 넣고 쑥주가 어느정도
익었을때 대파를 길쭉하게
손두마디 정도 썰어서 팍팍
죽인다 양념은 고추가루 넣고
5금으로 간을 한다

대파전
대파 전은 밀가루 반죽을
묽게 해서 후라이팬에
식용유 넣어서 반죽을 두르고
대파를 손바닥 길이 만하게
쌓어서 [illegible] 반죽을 부어서
깔고 익힌다

김영모 농부의 대파전은 반죽 위에 이파리와 연백부 부분을 서로 엇갈리게 올려 구워야 제맛이라고 한다.
대파쇠고기뭇국은 국물 위를 뒤덮을 만큼 파를 가득 넣고 푹 끓여야 시원한 맛이 우러난다.

경기도 파주 김정옥 님의 오신반

오신채로 부르기도 한 오신반은 자극성이 강하고 매운맛이 나는 다섯 가지 채소로 만든 나물을 뜻한다. 시대와 지역에 따라 나물 종류는 다르지만 대개 파와 달래, 마늘 등을 활용해 만들었다. 양념에 무친 오신반을 흰밥에 올려 비빔밥으로 먹어도 좋다.

재료(4인분)

대파 100g, 풋마늘 120g, 달래 120g, 냉이 100g, 무싹 80g

대파 양념 참기름 1큰술, 소금 ½큰술

풋마늘 양념 고추장 2큰술, 물엿 1큰술, 식초 1작은술, 고춧가루 1작은술, 레몬즙 1작은술, 설탕 1작은술

달래 양념 고춧가루 2½큰술, 참기름 ½작은술, 설탕 ⅔작은술, 다진 마늘 ⅔작은술,

냉이 양념 고추장 2큰술, 양조간장 1큰술, 물엿 1큰술, 다진 마늘 ½큰술, 된장 ½큰술, 설탕 1작은술, 고춧가루 1작은술, 들깻가루 1작은술, 식초 1작은술

만들기

1 대파와 풋마늘은 흙을 털어내고 손질한 뒤 깨끗이 씻어 5cm 길이로 썬다.

2 달래와 냉이는 잎과 뿌리 부분을 손질한 뒤 깨끗이 씻어 5cm 길이로 썬다.

3 소금을 넣고 끓인 물에 파, 풋마늘, 달래, 냉이를 살짝 데친 다음 찬물에 헹궈 물기를 짠다.

4 ③을 각각의 양념을 넣고 고루 무친다.

5 무친 나물과 깨끗이 씻어 물기를 뺀 무싹을 그릇에 담는다.

이북 출신 한정수 님의 파떡국

쇠고기 양지와 파를 넣고 푹 끓인 사골 육수는 소화가 잘되어 어르신들이 즐겨 먹던 보양 음식이나 다름없다. 대파 육수와 사골 국물을 1:1 비율로 섞어 떡과 쇠고기, 큼직하게 썬 파를 넣고 끓여 먹는다.

재료(4인분)

찬물에 불린 떡국 떡 700g, 대파 300g, 쇠고기(양지) 100g, 달걀 1개, 붉은 고추 ½개, 부추 10g, 조선간장 1작은술, 깨소금·소금 약간씩, 물 2.5L

쇠고기 양념 양조간장 1작은술, 설탕 ½작은술, 들기름 ¼작은술, 다진 마늘 ½작은술, 깨·후춧가루 약간씩

만들기

1 냄비에 물(1L)과 대파(250g)를 넣고 푹 끓인 뒤, 파는 건져내고 국물만 따로 둔다.

2 냄비에 핏물을 뺀 쇠고기와 물(1.5L)을 넣고 푹 끓인 뒤, 쇠고기는 건져내고 국물만 따로 둔다.

3 쇠고기는 잘게 썰어 볼에 담고 분량의 쇠고기 양념을 넣어 고루 버무린다.

4 냄비에 파 국물과 쇠고기 육수를 1:1 비율로 붓고 중간 불에서 20분간 끓인다.

5 대파(50g)는 줄기 부분을 7cm 길이로 썰고 반으로 자른다.

6 달걀은 황백 지단으로 부쳐 각각 7cm 길이로 얇게 채 썰고, 붉은 고추와 부추는 7cm 길이로 얇게 채 썬다.

7 ④의 육수에 떡국 떡을 넣어 5~7분간 끓이다 떡이 익어갈 즈음 ⑤의 파를 넣어 부드럽게 익힌다.

8 ⑦에 조선간장과 소금으로 간한 다음 볼에 담는다.

9 양념한 쇠고기와 ⑥을 고명으로 올린 뒤 깨소금을 뿌린다.

제주 변은숙 님의 파뿌리죽

백미탕이라고도 부르는 파뿌리죽은 제주 농부들의 오랜 지혜가 담긴 음식이다. 알싸한 맛이 있어 감기약이자 열을 내리는 음식으로도 활용했다. 평생 물질하며 살아온 해녀들은 바다의 찬 기운이 몸으로 전해지면 겨울 파와 쌀을 푹 끓여 죽으로 즐겨 먹었다.

재료(4인분)

불린 쌀 300g, 대파 흰 줄기(뿌리 포함) 50g, 물 12컵, 잣가루 약간

만들기

1 냄비에 불린 쌀과 분량의 물을 담고 센 불에 올려 끓인다.

2 대파 흰 줄기는 흐르는 물에 깨끗이 씻은 뒤 뿌리를 제외한 흰 줄기는 세로로 얇게 찢는다.

3 ①의 쌀이 퍼지기 시작하면 대파 흰 줄기와 뿌리를 넣어 약한 불에서 국물이 자작해질 때까지 끓인다.

4 그릇에 ③을 담은 뒤 잣가루를 고명으로 올린다.

전남 진도
박광심 님의 파김치

'모내기 파지'라 부르는 진도 파김치는 3월 말에 알이 굵은 쪽파를 항아리에 넣고 소금에 절인 뒤 6월 초에 꺼내 양념에 무쳐 먹는 김치다. 모내기할 때 즐겨 먹은 이 김치는 자르지 않고 길게 먹어야 하는데, 긴 쪽파처럼 벼 이삭도 길게 잘 뻗어 자라길 바라는 농부의 염원을 담았기 때문이다.

재료(4인분)

쪽파 1kg, 절임용 소금 ½컵, 고춧가루 1½컵, 멸치 액젓 5큰술, 매실 발효액 1½큰술 (또는 설탕 1큰술), 새우젓·깨소금 약간씩

만들기

1 쪽파는 깨끗이 씻어 물기를 뺀 뒤 통에 담고 소금을 뿌려 2개월 정도 절인다.

2 쪽파를 꺼내 깨끗이 씻어 물기를 짠 뒤 그릇에 담는다.

3 고춧가루, 멸치 액젓, 매실 발효액, 새우젓, 깨소금을 넣고 무친다.

우리 파로 차린 오늘의 식탁

다양한 파를 큼직하게 썰어 달군 팬에 볶은 뒤 달걀물을 섞어 오믈렛으로 만들면 파가 지닌 단맛과 달걀의 촉촉한 식감이 어우러져 브런치 메뉴로도 제격이다. 찰쪽파를 곱게 갈아 만든 페스토는 알싸하게 매운맛이 좋아 빵이나 크래커 위에 올려 먹거나 페스토 파스타로 활용한다.

통파 오믈렛

재료(4인분)

대파 50g,
버터 2큰술,
소금 ½작은술,
리코타 치즈 2 ½작은술,
달걀 6개,

만들기

1 대파는 먹기 좋은 크기로 듬성듬성 썬다.
2 달군 팬에 버터를 두르고 대파와 소금을 넣어 볶는다.
3 불을 끈 뒤 리코타 치즈를 넣어 잔열로 녹인다.
4 볼에 달걀을 푼 뒤 ③에 부어 약한 불에서 익힌다.
5 190~200℃로 예열한 오븐에 ④를 넣고 6~8분간 굽는다. 삼각형 모양으로 잘라 그릇에 담는다.

쪽파 페스토

재료(100g 분량)

다진 쪽파 1큰술,
잣 3큰술,
레몬즙 2큰술,
다진 마늘 1작은술,
올리브유 50ml,
소금·치즈 가루 약간씩

만들기

1 달군 팬에 잣을 넣어 볶은 뒤 식힌다.
2 믹서에 잣과 다진 쪽파, 레몬즙, 다진 마늘, 소금, 치즈 가루를 넣고 곱게 간다.
3 ②에 올리브유를 넣고 한 번 더 간다.
4 먹을 때 소금과 치즈 가루를 곁들인다.

TIP 소독한 병에 쪽파 페스토를 담고 올리브유를 약간 부어놓으면 산패를 막아주고 맛을 오래 유지해준다. 먹을 때마다 소금이나 치즈 가루를 곁들여도 좋다.

통파 오믈렛
쪽파 페스토

모두의 품앗이로

이 책은 농부들의 농사일이 그러하듯 품앗이로 완성한 책입니다. 한국의 멋을 식별하는 힘을 길러준 고유섭 선생님과 최순우 선생님, 입말한식 작업에 뿌리가 되어준 〈뿌리깊은 나무〉의 한창기 선생님, 감사합니다.
농부의 식재료와 입말 음식을 귀히 여겨 매달 여덟 페이지의 칼럼을 만들어준 〈행복이가득한집〉과 김혜민 기자, 거친 촬영 현장에서 마음과 몸을 써서 사진으로 잘 담아준 디자인하우스 사진팀, 처음 쓰는 부족한 글을 레시피부터 맞춤법까지 다듬고 보태어준 단행본 편집자들, 감사합니다.
전국의 우리 식재료를 찾아내고 농가를 섭외한 아부레이수나의 지윤진, 식재료를 직접 찾아주고 탈고 과정까지 함께해준 전국씨앗도서관협의회 박영재 대표, 음식에 대한 애정과 '큰손'까지 DNA로 전해준 정애순 어머니와 권순덕 외할머니, 그때그때 키운 제철 식재료를 보내주신 시부모이자 농부 황분선 어머니와 김형수 아버지, 입말한식이라는 마음의 첫 뿌리가 되어주신 풀빛 선생님과 백우 아버지, 나의 인생 베이스캠프인 빈도해 남편, 감사합니다.
그리고 세상 모든 농부의 품앗이에 감사함을 전합니다.

책에서 소개한 식재료들은 오랜 세월 우리 땅에서 자란 재래종인데도
주변에서 구하기 어려울 수 있습니다. 식재료를 구하고자 하는 독자를 위해
농가 연락처 또는 구입처를 알려드립니다.

충남 서산 **이은자·박용웅 농부의 마늘**
010-4116-2392, 010-9179-9273

경북 영양 **허정호 농부의 수비초**
010-3829-1155, 010-5509-4500

충남 논산 **권태옥·신두철 농부의 수수**
010-4571-4348(더불어농원)

경기도 화성 **장순희 농부의 호박**
010-9237-5293

경북 김천 **김현인 농부의 호두**
054-437-2464, 010-4143-2464(산할아버지농장)

전북 완주 **최운성 농부의 쌀**
010-8006-2754(달팽이농장)

경북 예천 **이병달 농부의 팥**
054-652-2796(소화농장)

부산 **김영모 농부의 명지대파**
010-3880-3058(김영모 농부),
010-3277-2030(명지대파 작목반장 배한식 농부)

강원도 정선 **주먹찰옥수수**
033-342-7811, 010-8019-7811(만물미곡상회)
• 이 책에 소개한 이용복 농부는 주먹찰옥수수를 판매하지 않기에
구입할 수 있는 다른 구입처를 찾아 알려드립니다.

토박이와 농부의 입으로 전해지는 투박한 우리 음식
입말한식

하미현 지음

1판 1쇄 2018년 12월 5일
1판 2쇄 2020년 7월 22일

펴낸이 이영혜
펴낸곳 디자인하우스
서울시 중구 동호로 272
우편번호 04617

대표전화 (02) 2275-6151
영업부직통 (02) 2262-7137
홈페이지 www.designhouse.co.kr
등록 1977년 8월 19일, 제2-208호

책임편집 김혜민
디자인 디자인작업실 크로씽
사진 이경옥

기획사업본부
본부장 박동수
편집팀 옥다애
영업부 문상식, 소은주
제작부 민나영

출력·인쇄 ㈜대한프린테크

ISBN 978-89-7041-731-8 (13590)
가격 16,000원